视频中的异常事件检测

石艳娇　齐　妙　李晓惠　著

科学出版社

北　京

内 容 简 介

本书针对智能视频分析中的异常事件检测及其在视频安全认证领域的关键问题展开深入研究，旨在提高智能视频分析系统的效率和智能化水平。通过深入挖掘视频内容的运动属性，扩展人类视觉认知机制在视频分析领域中的应用，探寻更有效的视频事件表示方法与模型构建方法，提高视频异常事件的检测性能。此外，为了实现对视频的安全保护，以异常事件检测为基础，对视频认证和篡改恢复展开研究。该项研究不仅会对视频异常事件检测技术起到推动作用，还将为显著性检测算法提供借鉴，因此具有重要的理论意义和实用价值。

本书适合于从事计算机视觉领域研究工作的科研工作者及相关专业的高校学生等。

图书在版编目(CIP)数据

视频中的异常事件检测/石艳娇，齐妙，李晓惠著. —北京：科学出版社，2019.3

ISBN 978-7-03-060160-5

Ⅰ.①视… Ⅱ.①石…②齐…③李… Ⅲ.①视频系统-监视控制-研究 Ⅳ.①TN948.65

中国版本图书馆 CIP 数据核字(2018)第 291007 号

责任编辑：张艳芬 / 责任校对：郭瑞芝
责任印制：吴兆东 / 封面设计：陈 敬

科学出版社出版
北京东黄城根北街 16 号
邮政编码：100717
http://www.sciencep.com

北京九州迅驰传媒文化有限公司 印刷
科学出版社发行 各地新华书店经销

*

2019 年 3 月第 一 版 开本：720×1000 1/16
2020 年 1 月第二次印刷 印张：8 3/4
字数：165 000

定价：88.00 元

(如有印装质量问题，我社负责调换)

前　言

近年来，随着计算机与互联网技术的飞速发展和社会各领域对安全需求的不断增长，智能视频分析技术得到了蓬勃发展。一方面，智能视频分析综合运用人工智能、机器学习及计算机等多学科理论与方法，对视频内容进行分析、理解，能够实现对异常事件的自动检测及预警，是目前大数据智能分析领域重要的研究方向之一，具有重要的理论意义和广泛的应用前景；另一方面，视频数据飞速增长，由此带来的对视频数据的安全保护问题也成为当前研究的热点。

本书针对智能视频分析中的异常事件检测及其在视频安全认证领域的关键问题展开深入研究，旨在提高智能视频分析系统的效率和智能化水平。在对已有异常事件检测算法进行分析和总结的基础上，深入挖掘视频内容的运动属性，扩展人类视觉认知机制在视频分析领域中的应用，探寻更有效的视频事件表示方法与模型构建方法，提高视频异常事件的检测性能。本书提出三种异常事件检测算法，并提出两种显著性检测算法以辅助提高异常事件检测算法的性能。同时，本书在研究异常事件检测应用时，提出一种基于异常区域的视频安全认证与自恢复方法。利用大量的实验结果验证本书所提出算法的有效性和可行性。

本书的第1～4章、第7章由石艳娇撰写，第5章由李晓惠撰写，第6章由齐妙撰写。全书由石艳娇统稿。特别感谢上海应用技术大学计算机科学与信息工程学院及东北师范大学模式分析与机器智能科研组在本书撰写过程中给予的大力支持。

本书的主要内容源于以下项目成果：国家自然科学基金青年基金项目(61806126,61702092)，国家自然科学基金面上项目(61672150)，吉林省科技厅重点科技攻关项目(20170204018GX)，吉林省科技厅重点科技研发项目(20180201089GX)，吉林省科技厅青年科研基金项目(20180520215JH)。

限于作者水平，书中难免存在不足之处，恳请读者批评指正。

石艳娇

2018年11月

目　录

第1章 绪 论

1.1 研究背景及意义

自数字地球概念提出以来，数字城市、数字社区、数字校园等概念大量涌现。随着计算机技术的迅猛发展，数字化向智能化的转变已经是发展的必然趋势。作为智慧城市、智慧校园等采集数据的重要手段之一，视频监控系统无疑起着至关重要的作用，具有无法取代的地位[1]。随着信息高速公路和计算机技术的高速发展，视频监控系统已经深入交通、城管、人防、卫生、环保、教育等各个领域，遍布人们日常生活的方方面面[2-5]。在交通路段、机场、银行、商场、学校、居民区等公共场所，随处安装有摄像头。这一只只“天眼”无时无刻不在监控着人们的生活环境，保障着社会治安和人民群众的生命财产安全[6,7]。

目前人类主体使用闭路电视（closed-circuit television，CCTV）摄像机来捕获和监控场景的现象已经十分普遍。一旦发现监控场景中出现异常情况，会人工发出警报，然而问题也随之而来。首先，面对不计其数的监控摄像头，短时间内即可产生大量的视频数据。一个十分重要却具有挑战性的问题就是如何从这些海量视频数据中获取有价值、有意义的信息。面对如此海量的视频数据，所需的人力及物力可想而知。尽管目前视频捕捉设备的价格越来越便宜，但监视和分析这些视频数据所需的人力却是十分昂贵的。其次，在大多数情况下，监控场景中出现的都是正常情况，CCTV 操作者长时间观看千篇一律、枯燥的视频内容自然会感到厌倦，难免出现注意力分散、专注度下降的情况，从而造成错漏一些关键性信息的问题。这便有可能导致在突发状况下不能第一时间发出警报，错过处理突发事件的最佳时机，造成人民群众的生命和财产损失。此外，在很多实际情况中，并没有安排专人来实时监控这些摄像数据。很多监控系统只是将所拍摄的数据作为事后的取证和调查材料来使用。在大多数情况下，监控摄像头输出的视频数据将存储在磁带或磁盘中，一旦发生如抢劫商户和偷盗汽车等犯罪行为，调查人员将在事发之后去观察这些视频数据，以了解当时到底发生了什么，然而为时已晚，监控系统已经失去了实时报警的作用和意义。因此，对视频监控数据进行 24 小时不间断分析与监测，对正在发生的异常事件，如犯罪行为和人群恐慌等进行自动检测与预警，将是十分有意义和必要的。智能视频监控技术就是为了让计算机像人的大脑，让摄像头像人的眼睛，由计算机智能地分析从摄像头中获取的图像序列，对被监控场景中的内容进行理解，实现对异常行为的自动预警和报警[8,9]。

近年来，越来越多的国内外学者与机构关注于智能监控系统的研究与开发[10,11]。卡内基梅隆大学(Carnegie Mellon University)的机器人技术研究所与萨诺夫(Sarnoff)公司携手，历时三年(1997～1999年)，研发了一种自动的视频监控(video surveillance and monitoring，VSAM)系统[12]。该系统能够自动检测与跟踪运动目标，并通过形状、颜色等分析将运动目标划分为不同的语义类别，如个人、人群、汽车和卡车等。此外，该系统也可实现对人类行为的进一步分类，如走、跑等。VSAM系统不但能进行一般性的军事安全监控，如军事基地、军械弹药库和边海防线的监控，而且能够进行局部战争战场的实时监控，如敌方军力部署及调动情况等。Huang等开发了一种Vs-star监控系统[13]，能够对监控视频中的行人和车辆的行为进行自动解释。自动解释涉及目标检测、目标分类与识别、目标跟踪和目标的行为分析，从而对视频中的异常行为进行检测。该系统曾在2008年北京奥林匹克运动会期间应用于奥林匹克公园的指挥中心。图1.1是Vs-star监控系统界面[13]。

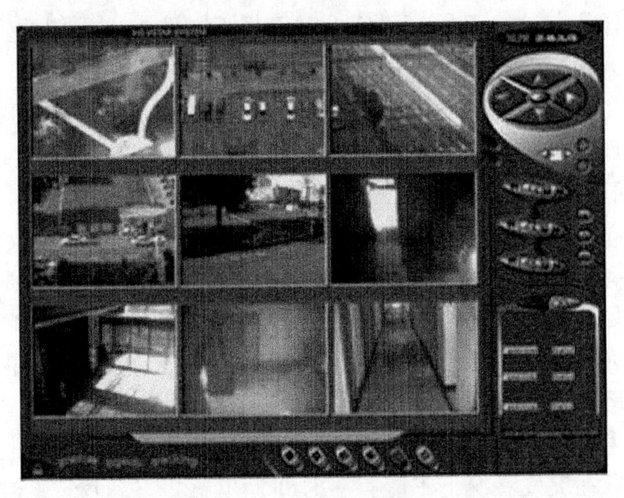

图1.1　Vs-star监控系统界面

通常，智能监控系统的最终目标是检测感兴趣事件。感兴趣事件也可定义为可疑事件、不规则事件和异常事件。在本书中认为它们是等价的，统称为异常事件。在检测到异常事件后，智能监控系统通常可通过两种方式发出警报：一种是发出事先录制好的声音警报，另一种是自动与公安部门取得联系，这样既可使人们在第一时间感知危险或犯罪，也可使公安部门获取破获案件的最有利信息。因此，如何快速、有效地识别出监控视频流中的异常事件是智能监控系统的关键问题。

近年来，基于视频的异常事件检测已经逐渐成为计算机视觉领域的研究热点，并且吸引了众多国内外研究学者的关注。国际上的一些权威期刊如 *IJCV*(*Inter-*

national Journal of Computer Vision)、*PAMI*(*IEEE Transactions on Pattern Analysis and Machine Intelligence*)和重要学术会议如ICCV(International Conference on Computer Vision)、CVPR(IEEE Computer Society Conference on Computer Vision and Pattern Recognition)、ECCV(European Conference on Computer Vision)等近年来都刊出了大量关于视频异常事件检测方面的文献,为该领域的研究人员提供了更多的交流机会。有效的异常事件检测方法能够正确地检测出视频中的不正常事件,提高监控系统的智能化水平,节省大量人力和物力资源,并且在检测出异常事件后及时发出警报,最大可能地降低突发事件带来的生命财产损失,对维护社会治安与人民群众的生命财产安全起着至关重要的作用。因此,对于视频异常事件检测算法的研究具有十分重要的理论意义和广泛的应用价值。

1.2 异常检测的应用领域

早在1980年,Hawkins[14]就给出了异常的直观定义:异常是远偏离其他观测数据而被怀疑为由另一种不同机制所生成的观测数据。异常检测就是在观测数据中找出这些偏离正常数据的离群点,近年来已广泛应用于各个领域。

在安全领域,基于异常的人侵检测系统可以有效地防范针对计算机系统的网络攻击,广泛应用于大规模的信息技术基础设施。其主要通过建立统计模型来对正常的网络环境进行描述,从而识别出任何偏离正常模型的异常行为[15-17]。对于智能用电系统,异常检测可以提高电网的服务水平,有效地节约人力资源,降低运营成本,使电网能比较经济地运行[18]。赵文清等[19]利用异常检测算法实现了检测智能电网中电力用户的异常用电行为。余立苹等[20]对无线传感器网络采集的电梯真实数据流进行检测,实现了电梯故障检测。此外,在医学领域中,异常检测算法也具有广泛的应用[21,22]。在移动机器人领域,可通过异常检测算法实现自动视觉检测任务[23]。首先学习其操作环境中的正常模型,然后利用该正常模型突出那些可能出现的异常视觉特征。这能够使机器人将更多的计算资源和“注意力”分配给特异性、不寻常的视觉特征,从而提高处理速度,达到实时性要求。

近年来,随着全球对安保行业的关注日益增加,对公共场所如机场、地铁站、商场、人群密集的运动场和军事设施等进行有效监控,以及如日常活动监控器和跌倒检测仪等一些为老年人开发的智能医疗保健设备的使用,异常检测在智能视觉监控领域中的应用获得越来越多的关注。通常,其目的是检测、识别和学习监控视频中可疑事件、不寻常事件或异常事件。因此,本书主要关注基于视频的异常事件检测算法的研究,旨在提出更加有效的、针对监控视频的异常事件检测算法,提高视频监控系统的智能化水平,在节省人力、物力的同时,为社会和人民群众的生命财产安全提供更加可靠的保障。

1.3　视频异常事件检测中的关键问题

视频是一种承载了声音和图像信息的多媒体数据类型,它所包含的信息量远大于静态图像和文本。相比于其他多媒体数据类型,视频数据一般具有以下特点。

(1) 较高的信息容量。该种类型的媒体数据能够更详尽地描述视频内容的细节信息。例如,对于一段描述足球比赛的视频,可以从中获取比赛场地、双方球队的比赛阵容、比分及现场观众的情绪等一系列细节信息。而图像或文本描述往往无法做到将每一处细节信息都表述得面面俱到。

(2) 空时连续性。视频内容不仅具有二维图像的空间连续性,通常也具有时间上的连续性。为了保证画面的连续性,视频数据通常具有较高的帧率[(美国)国家电视标准委员会(National Television Standards Committee,NTSC)和逐行倒相(phase alteration line,PAL)制式下分别为 30 帧/s 和 24 帧/s],这就使得在两帧的时间间隔内(NTSC 制式下为 1/30s、PAL 制式下为 1/24s),视频对象的内容变化范围不会很大。因此,使得视频数据具有很强的时间连续性。

(3) 解释的多样性及模糊性。不同于文本型数据有客观、确定性的描述和解释,对视频数据的理解往往会掺杂个人的主观因素及先验知识,因此视频数据会具有多样性和模糊性特点。例如,对于一段人群奔跑的视频,有的人会认为这是在进行赛跑比赛,而有的人则首先认为是由于发生了恐怖事件而造成的人群逃跑。

相对于视频数据的上述特点,基于视频的异常事件检测也存在着诸多难点。

第一,视频所携带的信息量极其丰富,在从中获取十分详尽的细节信息的同时,也面临着视频数据的高维度和高处理复杂度的问题。因此,如何快速有效地处理如此庞大的数据是基于视频的异常检测算法首先要解决的问题。

第二,视频帧内具有很强的空间连续性,视频帧间具有很强的时间连续性,因此带来了大量的信息冗余,这也是导致视频数据如此庞大的重要原因之一。这些冗余信息不仅给数据处理带来了严峻的挑战,在某些情况下也会降低检测的准确度。如何最大限度地去除视频中的冗余信息并保持视频的本质信息将是一个十分关键却具有挑战性的任务。

第三,对人类来说,视频数据尚存在解释的多样性和模糊性问题,而作为模拟人的智能系统,如何对视频内容进行精确提取和描述也是一个难度大且不可逾越的难题,这一步描述的好坏将直接影响下一步的检测与识别任务。不同于一维的文本数据和二维的图像数据,在对三维的视频数据进行描述时,如何充分利用其空时连续性及如何提取其本质信息而忽略不重要信息也是必须要考虑的问题。

第四,在基于视频的异常检测中,异常事件往往是很少发生的事件,也就是说,想要获取足够的负样本数据是十分困难的。因此,只能通过对正样本进行分析与建模，通过对比测试样本与模型的匹配程度，来确定其是正常事件还是异常事件。此外，正常事件往往不是单一的，通常具有多样性，如何对这些具有多样性的正常事件进行建模也是基于视频的异常事件检测算法将要解决的难题。

第五，正常事件与异常事件的定义往往会随外界环境的不同而不同。例如，在某一场景下，相对于正常的行走，奔跑定义为异常事件。而在发生雨、雪等恶劣天气环境下，奔跑则应定义为正常事件。因此，具有在线更新机制的异常检测算法更符合现实场景。

综上所述，视频异常事件检测算法有十分重要的实际意义，同时也有较大的研究难度。

1.4　视频异常事件检测的研究现状

视频异常事件检测算法通常包含两部分，即事件描述和模型构建，如图1.2所示。事件描述通常提取能够有效表示视频中目标运动行为或描述场景特性的特征，用于在下一步中构建模型。特征是否具有高度描述性和判别性，将是能否对正常事件成功建模的直接影响因素。而一种合适的建模方法也是成功检测异常事件的关键之处。通常情况下，由于异常样本很难获取，可用的训练样本多为正常样本，这就会出现严重的类不平衡问题，甚至在大多数情况下，只有正常事件的训练样本可用。因此，基于视频的异常事件检测问题实质上为一分类问题，即找出区别于正常事件的那一类，也就是异常事件。

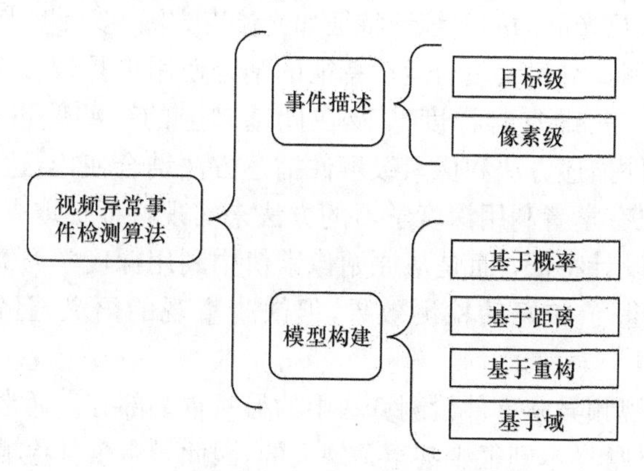

图1.2　视频异常事件检测算法概括

鉴于事件描述在整个视频异常事件检测算法中的重要性，已经有众多学者关注如何提取具有高度描述性和判别性的特征。目前事件描述方法主要分两类：目标级的描述方法和像素级的描述方法。

目标级的事件描述方法首先通过帧间差分、背景去除等方法检测行人或运动目标，然后通过跟踪算法获取它们的运动轨迹、身体轮廓、位置和运动速度等信息。通过学习正常运动目标的轨迹、尺寸、形状和运动等模式建立一个正常模型，那些偏离正常模型的测试样本被判定为异常[24,25]。目标级的事件描述方法能够提取目标级特征，对行为具有语义解释且具有直观意义。然而，这种基于目标的方法也存在一些局限性。首先，其对背景去除方法具有过分的敏感性，并且容易受阴影、遮挡等情况的影响。前景目标的漏检或误检将直接影响跟踪效果，继而导致对异常事件的误判。其次，视频异常事件检测算法的好坏过分依赖跟踪算法。尽管目前有很多比较成熟的跟踪算法[26-30]，但它们通常只适用于一些简单场景。对于复杂的人群场景，常常存在大量的个体目标，并且个体目标之间存在频繁的相互遮挡现象，这往往会使跟踪算法失效。而跟踪算法的失效，即使仅出现在几帧中，也会导致目标轨迹等特征的严重错误描述，从而导致视频异常事件检测算法的失败。以上原因导致了目标级事件描述方法通常适用于只有少数目标的简单场景，具有一定的应用局限性。

为了克服目标级描述方法的上述问题，像素级的事件描述方法应运而生。在这些方法中，通常提取一些底层的局部特征，如从局部的二维图像区域、三维的视频段或局部的立方体中提取运动、纹理等特征。这些特征不依赖目标检测和跟踪算法，可适用于复杂的拥挤场景，一般也适用于非拥挤场景。视频事件一般可通过空时体内的底层信息如运动大小、运动方向和外观定义，并通过底层特征描述符进行刻画。常用的特征描述包括基于光流的特征[31-39]，如典型光流特征、社会力模型和光流纹理，以及光流的一些统计特征如光流直方图、多尺度光流直方图和协方差矩阵编码光流等。空间纹理与运动特征的结合使用也是较常使用的一种特征，如边缘直方图[40]、三维空时梯度[41]及在此基础上的一些改进特征[42-44]。文献[45]将目标级事件描述方法和像素级事件描述方法结合使用，达到了较好的检测效果。近年来，也有学者利用深度学习的方法来实现特征提取[46-49]。这类方法不再使用上述手工设计特征，而是从原始像素值中利用深度学习算法来学习特征。这类方法虽然取得了较好的检测效果，但缺少直观的语义，且需要较大的时间代价。

模型构建是视频异常事件检测算法中的另一重要部分。通常情况下正常样本是容易获取的，异常样本则很少甚至是缺失的，因此异常事件检测问题一般属于一分类问题。从所采用的模型角度出发，异常事件检测算法可大致分为基于概率的方法、基于距离的方法、基于重构的方法和基于域的方法。基于概率的方法通常要对正常样本进行概率密度估计，然后检验测试样本是否来自同一分布。数据的概率分布估计技术通常分为两类：参数方法和非参数方法。参数方法事先假设样本符合某种分布，利用训练数据对该分布中的参数进行估计，以确定模型。因此，当数据并不符合所假设的分布时,就会导致较大的偏差。非参数方法则无须对数据属于何种分布作出假设,因此可构建出较灵活的模型。该模型会不断扩大规模以适应数据的复杂性,但这需要大量的样本来拟合出更可靠的模型。基于距离的方法所做的假设为正常数据紧密聚集,而异常数据往往远离其最近邻,主要包括在分类问题中广泛应用的最近邻方法和聚类方法。最近邻方法中,假设正常数据点在正常样本集合中具有较近的邻居,而异常数据点则远离这些作为训练样本的正常数据点,若一个数据点远离其邻域,则认为该数据点是一个局外点。聚类方法中,会将距离近的样本聚集在一起并创建一些簇,利用正常样本训练好一个统计模型后,数据集中没有位于主簇中的对象就认为是异常样本,即异常事件。基于重构的方法利用训练样本集合训练一个回归模型,当利用该训练好的模型对异常数据投影时,回归目标和真实观察值之间的重构误差就代表了异常得分。这类方法比较灵活,不需要对数据进行先验假设,并且能够处理特征的不确定性和噪声问题。这类方法的缺点是不能够显式地确定哪些特征对分类起到了关键性作用,并且在计算上往往需要较高的时间代价。基于域的异常检测方法通常试图利用训练数据的结构信息定义一个包围正常样本的边界,以此来描述正常样本的域。这类方法只利用训练样本中离异常边界最近的那些数据点来确定这个异常边界,而不依赖训练集中样本分布的属性。

1.5 本书主要研究内容和结构安排

1.5.1 本书主要研究内容

本书针对智能视频监控中的异常检测及其在信息安全中的应用问题展开深入研究。通过深入挖掘视频中的运动属性,寻找更有效的视频事件表示方法,以提高视频异常事件检测算法的性能。为了实现对视频内容的安全性保护,本书在异常检测的基础上对视频认证和篡改恢复进行研究。本书主要研究内容总结如下。

第一,提出一种基于高阶运动特征的视频异常事件检测算法,充分全面地刻画视频中的运动内容。视频中的事件多由运动构成,而基于跟踪的运动描述存在诸多问题,因此本书提出一种基于底层特征的运动描述方法。观察到视频中的异常多表现在运动上,如突然加快运动速率或突然改变运动方向,都是异常的表现。而传统的描述运动快慢及运动方向的一阶运动特征并不能够刻画运动的变化率,因此本书提出使用刻画运动变化的高阶运动特征对运动进行描述。为了克服跟踪算法的局限性,该方法借助相邻两帧光流场实现运动目标的短时跟踪,进而获得一阶和高阶运动特征。该方法能够处理复杂场景,不受目标粘连及人群拥挤的影响,在局部和全局异常检测上都达到了比较理想的检测效果。

第二，提出一种基于显著性的异常事件检测算法，通过过滤视频中的冗余和不重要信息，在减少计算时间的同时，提高异常检测性能。视频数据具有较强的空间和时间连续性，因此带来了大量的冗余信息。这些冗余信息在增加处理负担的同时也会给检测性能带来影响。本书通过模拟人类的视觉注意机制，检测视频中的空时显著区域，去除视频中的无关信息，大大减少异常检测过程中待处理的视频内容。冗余内容的去除使得利用少数模型来构建整个场景的正常事件模型成为可能。因此，通过根据视频内容的区域划分技术，用区域级模型代替原来的块级模型，不仅大大缩短模型构建所需时间，并且解决在构建块级模型时的样本不充分问题，提高检测性能。在空时显著度图的构建中，提出以下两种空间显著度图的构建方法。

(1) 提出一种基于扩展区域对比度和有监督局部保持投影(extended region contrast and supervised locality preserving projection，ERC-SLPP)的空域显著性检测方法。该方法分别构建基于扩展区域对比度和基于学习的两个显著度图，并将两者融合构成最终的显著度图。在扩展区域对比度显著度图构建过程中，充分利用“图像的边界多为背景”的先验，引入图像边界扩展预处理操作。该操作能够增加显著区域与图像中其他区域的对比度，进而达到突出显著目标、抑制背景的目的。图像边界扩展可作为图像预处理操作，应用于所有基于全局对比度的显著性检测方法中，以提高它们的性能。在基于机器学习的显著度图构建过程中，利用有监督局部保持投影(superised locality preserving projection，SLPP)算法对提取的高维底层视觉特征进行维数约简，并利用支持向量机(support vector machine，SVM)对约简后的样本进行类别预测，将该预测得分视为该区域的显著度值。最后将两种方法得到的显著度图进行融合，以达到相互补充的目的。大量实验结果表明，ERC-SLPP 方法在图像显著性检测中具有良好性能。

(2) 提出一种基于改进多流形排序(improved multi-manifold ranking，IMMR)的空域显著性检测方法。不同于大多数基于显著区域与其他区域对比度的方法，该方法从图像中的非显著区域出发，将显著性检测看成一个多流形排序(multi-manifold rank，MMR)问题。根据边界先验，将边界处的图像单元当做种子点，利用多视角特征构建相似度矩阵，为图像中的其他图像区域进行排序打分。在此考虑了粗尺度颜色特征、细尺度颜色特征和方向特征，从不同的角度对图像内容进行刻画。不同于以往的特征融合方法，本书利用 IMMR 方法，充分考虑各特征之间的相互关系，在显著度推导过程中实现特征融合，即各特征的融合权重是在优化求解过程中根据图像内容自适应确定的。通过在多个数据库中的大量实验对比，证明该方法在图像显著性检测领域优于现有方法。

大量实验结果表明，本书提出的基于 ERC-SLPP 和 IMMR 的异常检测算法具有较好的性能。

第三，提出一种基于约束稀疏表示（constrained sparse representation，CSR）的异常事件检测算法。相对于稀疏重构代价（sparse reconstruction cost，SRC）算法的无字典学习，K-奇异值分解（K-singular value decomposition，K-SVD）算法在字典学习方面有了很大的提高，但是在它们的检测任务中，并没有考虑相邻两个视频帧间的相互关联，为了更好地保留高维空间中样本数据的局部结构信息，本书提出基于CSR的异常检测算法。利用经典数据库中的实验结果验证该算法在异常事件检测中的有效性。

第四，提出一种基于异常区域的视频认证与自恢复方法，通过双重水印的嵌入，在实现对视频数据的空域、时域和空时域篡改认证的同时，实现对空域篡改的分层重构。对于无篡改情况，该方法可作为一种半无损水印方案，对视频中的异常区域进行无损恢复，以使其在敏感应用领域仍具有应用价值。之所以对异常区域进行无损恢复而其他区域只恢复其主要内容，是因为算法成功恢复的概率与待保护的信息量呈反比例关系。考虑到图像中的异常区域是人们更关注的部分，因此对该区域内的内容进行重点保护，而非感兴趣区域只需保护其主要内容，以此来降低待保护的信息容量，增强算法的恢复能力。为了保证嵌入前后提取的异常区域一致，本书还提出合成帧思想，在发送端与接收端，使用由该帧的主要内容构成的合成帧而不是原始视频帧来进行异常区域定位。这会避免水印嵌入前后检测的异常区域不一致的问题，实现盲提取与盲恢复。实验结果表明，本书提出的方法能够准确定位空域和时域篡改，对一定范围内的空域篡改具有重建能力，且能够对异常区域实现无损恢复。

本书主要研究内容框架如图1.3所示。

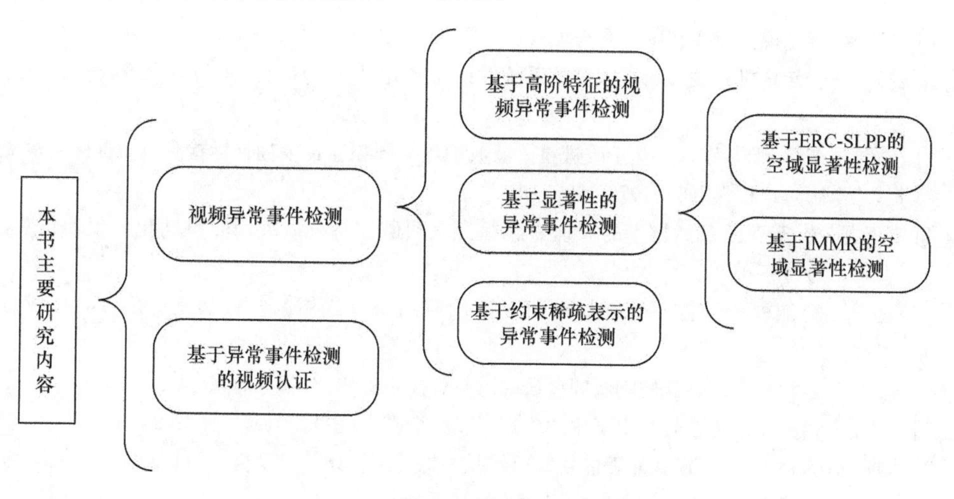

图1.3 本书主要研究内容框架

1.5.2 结构安排

本书结构安排如下。

第1章主要介绍视频中异常事件检测的研究背景及意义。在分析异常检测的应用领域后，首先介绍视频异常事件检测的难点，然后详细介绍视频异常事件检测的研究现状，最后介绍本书的主要研究内容和创新点，并概括本书的结构安排。

第2章从视频异常事件表示和模型构建两方面详细介绍经典的方法和技术。

第3章提出一种融合高阶运动特征的视频异常事件检测算法。通过利用光流实现的短时跟踪，对运动速度和速度的变化情况进行描述，克服基于目标的运动描述方法在处理拥挤场景时的不足，并利用大量的实验结果证明该方法的有效性。

第4章首先描述两种用于构建空间显著度图的方法，然后分别利用这两种方法构建空时显著度图，并基于显著区域进行异常检测，最后通过大量的实验分析证明基于显著度的视频异常事件检测算法的有效性。

第5章提出一种基于约束稀疏表示的异常事件检测算法，在稀疏编码的基础上引入基于结构信息的约束策略，以保持数据的局部性质及相邻帧间的关联性。

第6章在异常检测基础上提出一种基于异常检测的视频认证与自恢复方法。该方法能够对异常区域进行无损恢复，并能够对被篡改的区域实现内容恢复。

第7章对本书的研究内容及取得的科研成果进行总结，并针对未来的研究工作提出设想。

参考文献

[1] 高旭麟. 智能视频监控技术在智慧城市中的深入应用[J]. 中国安防，2018,(7):62-65.

[2] 黄岩. 基于计算机软硬件的视频监控系统设计与研究[J]. 计算机技术与发展，2018,28(5):1-7.

[3] 杨超宇，李策，梁胤程，等. 基于改进粒子滤波的煤矿视频监控模糊目标检测[J]. 吉林大学学报(工学版)，2017,47(6):1976-1985.

[4] 高玉，张玮. 基于云存储技术的高速铁路综合视频监控系统研究[J]. 自动化与仪器仪表，2017,(11):187-190.

[5] 任立平. 智能视频监控系统在民航机场中的应用研究进展[J]. 自动化应用，2018,(7):137-139.

[6] 欧元军. 公共安全视频监控立法问题研究[J]. 科技与法律，2018,(2):44-49.

[7] 段滁. 视频监控技术在公共安全中的应用[J]. 决策探索(中)，2018,(6):82-83.

[8] 黄凯奇，陈晓棠，康运锋，等. 智能视频监控技术综述[J]. 计算机学报，2014,37(49):1-27.

[9] 金慧. 以计算机技术为载体的智能视频监控系统技术[J]. 电子技术与软件工程，2018,(12):146-147.

[10] 乔宗婷. 某机场卫星厅视频监控系统介绍[J]. 智能建筑与智慧城市，2018,(6):57-60.

[11] 苏鹏,钟雪珍,苏双惠.简析桃江有线智慧视频监控管理平台的构建[J].中国有线电视,2018,(6):722-724.

[12] Kanade T. A system for video surveillance and monitoring[J]. VSAM Final Report Carnegie Mellon University Technical Report,2000,59(5):329-337.

[13] Huang K Q,Tan T N. Vs-star: A visual interpretation system for visual surveillance[J]. Pattern Recognition Letters,2010,31(15):2265-2285.

[14] Hawkins D M. Identification of Outliers[M]. Berlin:Springer,1980.

[15] 胡亮,金刚,于漫,等.基于异常检测的入侵检测技术[J].吉林大学学报:理学版,2009,47(6):1264-1270.

[16] 朱应武,杨家海,张金祥.基于流量信息结构的异常检测[J].软件学报,2010,21(10):2573-2583.

[17] 曾建华.一种基于核PCA的网络流量异常检测算法[J].计算机应用与软件,2018,35(3):140-144.

[18] 张为金.基于机器学习的电力异常数据检测[D].成都:电子科技大学,2018.

[19] 赵文清,沈哲吉,李刚.基于深度学习的用户异常用电模式检测[J].电力自动化设备,2018,38(9):1-4.

[20] 余立苹,李云飞,朱世行.基于高维数据流的异常检测算法[J].计算机工程,2018,44(1):51-55.

[21] Clifton L,Clifton D,Watkinson P,et al. Identification of patient deterioration in vital-sign data using one-class support vector machines[C]//Proceedings of the Federated Conference on Computer Science and Information Systems,2011:125-131.

[22] 李悦,嵇启春.基于异常检测的尿沉渣图像分割[J].计算机应用与软件,2017,34(6):212-216.

[23] Neto H V,Nehmzow U. Real-time automated visual inspection using mobile robots[J]. Journal of Intelligent and Robotic Systems,2007,49(3):293-307.

[24] Li C,Han Z J,Ye Q X,et al. Visual abnormal behavior detection based on trajectory sparse reconstruction analysis[J]. Neurocomputing,2013,119:94-100.

[25] Jiang F,Wu Y,Katsaggelos A K. A dynamic hierarchical clustering method for trajectory-based unusual video event detection[J]. IEEE Transactions on Image Processing:A Publication of the IEEE Signal Processing Society,2009,18(4):907-913.

[26] He Z Y,Yi S Y,Cheung Y M,et al. Robust object tracking via key patch sparse representation[J]. IEEE Transactions on Cybernetics,2017,47(2):354-364.

[27] Zhang B C,Li Z G,Perina A,et al. Adaptive local movement modeling for robust object tracking[J]. IEEE Transactions on Circuits & Systems for Video Technology,2017,27(7):1515-1526.

[28] Li S Q,Yi W,Hoseinnezhad R,et al. Multi-object tracking for generic observation model using labeled random finite sets[J]. IEEE Transactions on Signal Processing,2018,66(2):368-383.

[29] Leang I, Herbin S, Girard B, et al. On-line fusion of trackers for single-object tracking[J]. Pattern Recognition, 2018, 74: 459-473.

[30] 蔡玉柱,杨德东,毛宁,等. 基于自适应卷积特征的目标跟踪算法[J]. 光学学报, 2017, (3): 262-273.

[31] Kim J, Grauman K. Observe locally, infer globally: A space-time MRF for detecting abnormal activities with incremental updates[C]//IEEE Conference on Computer Vision and Pattern Recognition, 2009: 2921-2928.

[32] Mehran R, Oyama A, Shah M. Abnormal crowd behavior detection using social force model [C]//IEEE Conference on Computer Vision and Pattern Recognition, 2009: 935-942.

[33] Ryan D, Denman S, Fookes C, et al. Textures of optical flow for real-time anomaly detection in crowds[C]//IEEE International Conference on Advanced Video and Signal-Based Surveillance, 2011: 230-235.

[34] Zhao B, Li F F, Xing E P. Online detection of unusual events in videos via dynamic sparse coding [C]//IEEE Conference on Computer Vision and Pattern Recognition, 2011: 3313-3320.

[35] Cong Y, Yuan J S, Liu J. Sparse reconstruction cost for abnormal event detection[C]//IEEE Conference on Computer Vision and Pattern Recognition, 2011: 3449-3456.

[36] Cong Y, Yuan J S, Liu J. Abnormal event detection in crowded scenes using sparse representation[J]. Pattern Recognition, 2013, 46(7): 1851-1864.

[37] Zhu X B, Liu J, Wang J Q, et al. Sparse representation for robust abnormality detection in crowded scenes[J]. Pattern Recognition, 2014, 47(5): 1791-1799.

[38] Bao T L, Karmoshi S, Ding C H, et al. Abnormal event detection and localization in crowded scenes based on PCANet [J]. Multimedia Tools & Applications, 2017, 76 (22): 23213-23224.

[39] Wang T, Qiao M N, Zhu A C, et al. Abnormal event detection via covariance matrix for optical flow based feature[J]. Multimedia Tools & Applications, 2018, 77(13): 17375-17395.

[40] Liu K W, Wan J H, Han Z Z. Abnormal event detection and localization using level set based on hybrid features[J]. Signal, Image and Video Processing, 2018, 2 (12): 255-261.

[41] Kratz L, Nishino K. Anomaly detection in extremely crowded scenes using spatio-temporal motion pattern models[C]//IEEE Conference on Computer Vision and Pattern Recognition, 2009: 1446-1453.

[42] Hu X, Hu S Q, Zhang X Y, et al. Anomaly detection based on local nearest neighbor distance descriptor in crowded scenes[J]. The Scientific World Journal, 2014, 2014: 632575.

[43] Guha T, Ward R K. Learning sparse representations for human action recognition[J]. IEEE Transactions on Pattern Analysis and Machine Intelligence, 2012, 34(8): 1576-1588.

[44] Yu B S, Liu Y Z, Sun Q S. A content-adaptively sparse reconstruction method for abnormal events detection with low-rank property[J]. IEEE Transactions on Systems, Man, and Cybernetics-Systems, 2016, 47(4): 704-716.

[45] Cosar S, Donatiello G, Bogorny V, et al. Toward abnormal trajectory and event detection in video surveillance[J]. IEEE Transactions on Circuits & Systems for Video Technology, 2017, 27(3): 683-695.

[46] Feng Y, Yuan Y, Lu X. Learning deep event models for crowd anomaly detection[J]. Neurocomputing, 2017, 5(29): 548-556.

[47] Ravanbakhsh M, Nabi M, Mousavi H, et al. Plug-and-play CNN for crowd motion analysis: An application in abnormal event detection[C]//IEEE Winter Conference on Applications of Computer Vision, 2018: 1689-1698.

[48] Xu D, Yan Y, Ricci E, et al. Detecting anomalous events in videos by learning deep representations of appearance and motion[J]. Computer Vision and Image Understanding, 2017, 156: 117-127.

[49] Sabokrou M, Fayyaz M, Fathy M, et al. Deep-Cascade: Cascading 3D deep neural networks for fast anomaly detection and localization in crowded scenes[J]. IEEE Transactions on Image Processing, 2017, 26(4): 1992-2004.

第2章　视频异常事件检测相关方法介绍

基于视频的异常检测算法通常包含两大部分内容:事件描述与模型构建。图2.1给出了视频异常事件检测算法的流程图。对于训练视频数据,首先要对其内容进行描述,提取具有高度描述性和判别性的特征来表示视频中目标运动行为或描述场景特性。接下来利用视频的特征表示,通过机器学习算法训练、学习正常事件模型。对于测试视频,采用相同的视频事件描述方法获得测试视频的特征表示,然后利用已建立的正常事件模型对其分类,判断其是否为正常事件。

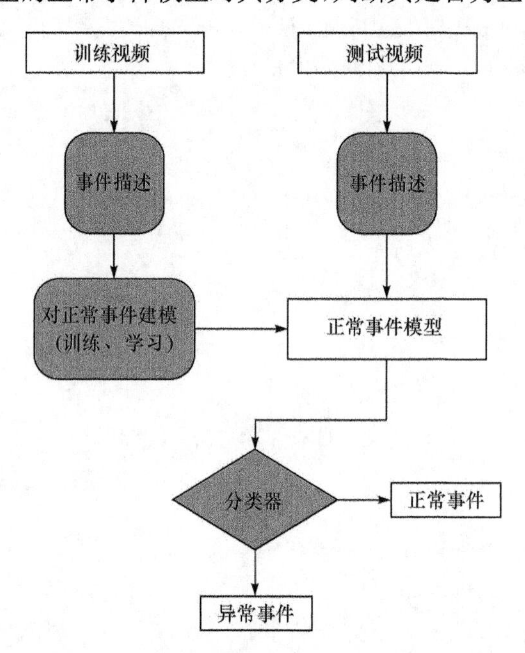

图2.1　视频异常事件检测算法的流程图

视频数据具有海量特性,在进行处理时直接对原始视频数据进行操作会产生不可估量的计算代价,而且有时是无法实现的。此外,视频数据具有高度冗余性和高度相关性,忽略数据内部的这些相关性而直接对视频数据进行处理可能会降低算法的性能。因此,对视频数据提取能够有效表征其本质内容的视觉特征是基于视频异常检测算法的关键一步。由于视频数据本身具有解释的多样性及模糊性,尽管在视频事件表示过程中已经尽量抽取其本质内容信息,但这些底层视觉特征所描述的内容有时会与人们的主观表达不一致,如因恐慌奔跑的场景与参加马拉松比赛的场景(图 2.2),通过如运动速度、运动方向、纹理等底层视觉特征进行描述时可能并无太大差异,但从真实的语义内容来看,却是截然不同的两个事件,通常前者属于异常事件而后者属于正常事件,这就造成了人所理解的“语义相似”与计算机理解的“视觉相似”之间的鸿沟。此时,需要一个具有高判别力的模型来尽量减小这种语义鸿沟,从而作出正确的判断。因此,在对视频数据进行描述表示后,构建一种适合该描述的更优的模型是视频异常事件检测算法中另一个关键步骤。接下来本章将从这两大方面对目前流行的一些算法进行简要介绍。

(a) 恐慌奔跑场景

(b) 比赛场景

图 2.2　视频异常事件检测中的语义鸿沟现象

2.1　视频事件描述的相关方法介绍

2.1.1　目标级描述方法

目标级描述方法中,通常采用目标提取及跟踪技术获取关于目标的信息。在这类描述方法的文献中,大部分都利用目标的轨迹信息。早期的轨迹表示通常直接提取运动目标在其所出现的视频帧中的坐标位置[1,2],因此会导致其表示轨迹的特征长度不一致的现象。后续的研究利用重采样和线性插值等技术可生成固定长度的特征向量[3],解决特征向量长度不一致问题,提取出稳定的轨迹信息。除了基于目标轨迹的描述方法外,还有一些方法使用粒子或特征点层面的轨迹信息。例如,Cui 等[4]通过跟踪感兴趣点计算交互能势(interaction energy potentials)以模拟人群之间的相互作用关系。此外,一些学者利用目标的位置和运动速度等特征。例如,Zhang 等[5]首先利用跟踪算法得到目标在各帧的空间位置,从而计算目标的瞬时特征。由于目标在相邻两帧之间的位移很小,会导致较大的计算误差,因此其又计算了 T 帧内的平均速度作为其运动特征。此外,还使用了二阶能量特征。尽管上述基于轨迹的运动描述方法具有直观的语义内容,但是在对运动目标或粒子进行跟踪时需要很高的时间代价。此外,在面对具有多个目标的复杂和拥挤场景时，跟踪算法往往会失效，这种基于目标的视频事件描述方法将变得十分不稳定。

2.1.2 像素级描述方法

由于跟踪算法对遮挡及跟踪误差的敏感性，众多学者研究使用像素级描述方法，基于底层视觉特征及相应的统计信息来对视频内容进行描述。运动是视频中最重要的信息，而光流是用于描述像素级瞬时运动的最重要工具之一。它不需要跟踪技术，通常利用相邻两帧之间的亮度一致性对应关系来确定运动的起点和终点。光流的概念于19世纪40年代被首次提出，并由美国实验心理学家Gibson于1951年正式发表[6]，目前已经成为运动图像分析的重要方法。光流是图像中亮度模式的表观运动，由目标和观察者的相对运动引起[7]，而光流场是图像中所有像素点瞬时速度的集合，是真实世界中可见点的三维运动在二维平面上的投影。传统的光流计算方法均基于亮度一致性模型(brightness constancy model，BCM)，即通过相邻两帧图像之间的亮度一致性对应关系来确定运动的起点和终点，即运动位置。光流的基本公式可表述为

$$I(x+u,y+v,t+\Delta t)=I(x,y,t) \tag{2.1}$$

式中，$I(x,y,t)$表示空间坐标为(x,y)、时间坐标为t的像素的亮度值；Δt为连续两帧图像之间的时间间隔；(u,v)为(x,y,t)处像素点在两帧图像之间的运动位移。式(2.1)通常用向量形式表达为

$$I(X+V,t+1)=I(x,t) \tag{2.2}$$

式中，$X=(x,y)$为空间位置坐标；$V=(u,v)$为单位时间内的位移矢量，也可称为速度矢量。通过Taylor级数展开将式(2.2)中的方程线性化，有

$$\nabla I(X,t)V^{\mathrm{T}}+I_t(X,t)+\varepsilon=0 \tag{2.3}$$

式中，$\nabla I(X,t)$为图像的空域导数；$I_t(X,t)$为图像的时域导数；ε为高阶展开项并通常被忽略。因此，式(2.3)可近似表达为

$$\nabla I(X,t)V^{\mathrm{T}}+I_t(X,t)=0 \text{ 或 } I_x u+I_y v+I_t=0 \tag{2.4}$$

式中，$I_x=\frac{\partial I}{\partial x}$，$I_y=\frac{\partial I}{\partial y}$，$I_t=\frac{\partial I}{\partial t}$。式(2.4)即为经典的光流基本方程。式(2.4)中未知数$[X=(x,y)]$个数多于方程个数，因此方程的解不唯一。为此，众多学者研究如何加入光流约束以实现对光流方程的求解。其中，最具有代表性的两类方法为Horn和Schunck提出的全局法(简称H-S方法)[8]及Lucas和Kanade提出的局部方法(简称L-K方法)[9]。H-S方法在光流基本方程的基础上对整个光流场加以平滑约束，也就是使光流场不仅满足亮度一致性假设，同时满足光流场的全局平滑性假设。这里通过光流的梯度幅值($\|\nabla u\|^2+\|\nabla v\|^2$)进行全局平滑约束。所求得的光流场应使光流基本等式误差最小、平滑约束因子最小，因此通过最小化

如下目标函数求得最优光流：

$$E_{\mathrm{HS}}=\iint[(I_x u+I_y v+I_t)^2+\alpha^2(\|\nabla u\|^2+\|\nabla v\|^2)]\mathrm{d}x\mathrm{d}y \tag{2.5}$$

式中，α^2 为调和参数。L-K 方法假定光流在一个局部区域 Ω 上是恒定的，因此有如下方程式：

$$I_x(x_i)u+I_y(x_i)v+I_t(x_i)=0,\quad x_i\in\Omega;i=0,1,\cdots,n-1 \tag{2.6}$$

因为图像可分解为多个局部区域，所以上述方程组为超定方程组，通过最小二乘(least square，LS)法对其进行求解。光流的求解转化为最小化如下目标函数：

$$E_{\mathrm{LK}}=\sum_{x_i\in\Omega}(I_x(x_i)u+I_y(x_i)v+I_t(x_i))^2 \tag{2.7}$$

H-S 方法和 L-K 方法是光流计算中的经典方法，后续的光流计算方法多是在此基础上发展起来的。

除了直接使用光流场对视频事件进行表示，对光流分布的各种统计特征也是目前较常用的像素级视频描述方法。其中，最为常用的就是光流直方图(histogram of optical flow，HOF)特征。文献[10]利用光流直方图来描述运动目标的运动统计特征，其中直方图的每个柱代表方向，而各柱的值正比于光流的幅值。文献[11]提出一种选择性光流直方图(selective histogram of optical flow，SHOF)特征，在光流直方图的基础上考虑不同场景中运动方向和运动幅值的不同贡献。Cong 等[12]提出一种多尺度光流直方图(multi-scale histogram of optical flow，MHOF)特征，不仅能够像传统的光流直方图一样描述运动信息，还保留了空间内容信息。该方法一经提出就在后续的异常事件检测算法中广泛应用[13,14]。文献[3]在用 RGB 图像计算光流场后，提取了三类运动特征：位置、方向和速度。将速度量化为快速和慢速两个级别，将方向量化为四个方向，位置信息也用规则网格的方式进行量化。因此，每个像素都具有量化后位置、方向和速度特征。在提取底层特征之后，采用词袋(bag of words)技术对特征进行表示。Reddy 等[15]在对运动进行描述时，采用图像单元内前景像素的平均光流作为对该图像单元的运动描述。为了获得平滑的运动，进行了时域的平均以去除噪声影响。Ryan 等[16]观察到，行人在行走时四肢周期性运动，在四肢周围的运动幅度会周期性地变大或变小，体现为运动是不均匀的。相反，汽车或自行车行进时的运动则表现为平滑。因此，他们利用扩展的灰度共生矩阵对光流的纹理特征进行描述。光流只使用两帧来计算像素的瞬时运动，因此光流不能够捕获到视频在时域上更长时间段内的相互关系。在此基础上，Mehran 等[17]提出一种基于光流的烟线(streakline)技术对场景的几个重要方面进行描述，如流和势能函数(potential function)。通过在每帧中重复地放置粒子网格然后利用光流移动当前和之前的粒子来获得烟线。Tracklets 是另一广泛使用的运动特征提取方法[18]，该方法利用相邻若干帧提取目标的运动轨迹。由于该方法利用短时跟踪，因此避免了传统跟踪方法中检测轨迹偏离真实目标所带来的严重影响。

在视频中，除了运动信息以外，外观特征也是一项不可忽略的重要属性。例如，人行道上一辆缓慢行驶的汽车，仅从运动角度考虑并不能将其检测为异常事件，但从外观角度即可对这种异常进行很好的刻画。空时梯度由于既能够描述运动又能够描述外观信息，成为一种重要的事件描述工具。Kratz 等[19]使用空时梯度分布信息对空时体的运动进行描述。对于空时立方体 I 内的任一像素，其空时梯度 ∇I_i 可通过下式计算：

$$\nabla I_i = [I_{i,x} \quad I_{i,y} \quad I_{i,t}]^{\mathrm{T}} = \left[\frac{\partial I}{\partial x} \quad \frac{\partial I}{\partial y} \quad \frac{\partial I}{\partial t}\right]^{\mathrm{T}} \tag{2.8}$$

式中，x、y 和 t 为视频的水平维度、垂直维度和时间维度。各像素的空时梯度共同表示立方体内的运动模式特征。接下来通过三维高斯分布对正常样本的梯度分布建模，以检测异常样本。Bertini 等[20]在空时体内使用极坐标表示下的空时梯度来表示运动信息，即

$$\begin{aligned} M_{3\mathrm{D}} &= \sqrt{G_x^2 + G_y^2 + G_t^2} \\ \phi &= \arctan \frac{G_t}{\sqrt{G_x^2 + G_y^2}} \\ \theta &= \arctan \frac{G_y}{G_x} \end{aligned} \tag{2.9}$$

式中，G_x、G_y 和 G_t 使用有限差分来近似：

$$\begin{aligned} G_x &= L_{\sigma_d}(x+1, y, t) - L_{\sigma_d}(x-1, y, t) \\ G_y &= L_{\sigma_d}(x, y+1, t) - L_{\sigma_d}(x, y-1, t) \\ G_t &= L_{\sigma_d}(x, y, t+1) - L_{\sigma_d}(x, y, t-1) \end{aligned} \tag{2.10}$$

式中，L_{σ_d} 为对输入信号 I 进行高斯滤波后的结果，以去除噪声的影响。文献[21]使用空时体内像素在时域的导数来提取运动特征。周培培等[22]利用局部梯度方向直方图和局部光流方向直方图分别提取运动和外观特征。Yu 等[23]则将多尺度光流直方图和多尺度梯度直方图结合作为最终的特征表示。Kratz 等[19]除了对运动的描述外，还采用边缘方向直方图(edge orientation histogram，EOH)对外观特征进行描述。在提取 EOH 描述符时，其首先利用 Sobel 模板对图像进行滤波，提取 x 方向和 y 方向的梯度图，然后将每个像素点处的梯度方向进行 8 个尺度的量化，并进行直方图统计。Hu 等[24]提出一种局部最近邻距离(local nearest neighbor distance，LNND)描述符。在计算底层特征时，利用像素的空时梯度而不是原始像素值计算局部运动模式(local motion pattern，LMP)描述符。这种基于梯度的 LMP 描述符能够很好地刻画动态场景的运动和外观特征。之后计算图像块与其 K 个空间最近邻和 N 个时间最近邻的推土机距离(earth mover distance，

EMD)，并将该距离向量作为图像块的特征，设定 $K=8$、$N=1$，因此最终的特征描述符只有 9 维。Zhang 等[25]在运动信息外，基于支持向量数据描述(support vector data description，SVDD)方法获取目标的球状边界，以实现目标的外观描述。Wang 等[26]采用空时纹理方法对运动和外观信息进行统一描述。在文献[15]中，通过目标尺寸和二维 Gabor 特征对外观进行描述。所采用的计算均是基于图像单元的计算，并不涉及目标跟踪。

近年来，深度学习由于其优越的性能受到各领域研究学者的广泛关注。在异常事件检测领域，也涌现出了大量基于深度特征的方法[27-33]。例如，Ravanbakhsh 等[27]提出在卷积神经网络(convolutional neural network，CNN)的最后一层添加一种二值量化层，以获取视频帧中的时域运动模式。然而，这些方法均采用已训练好的用于其他任务(如目标识别)的 CNN 模型，在其基础上针对异常事件检测任务进行微调。Ravanbakhsh 等[29]针对异常检测任务训练，使用生成对抗网络(generative adversarial network，GAN)获取正常事件的外观和运动表示。Zhou 等[30]提出一种空时卷积神经网络，并基于空时感兴趣体(spatial-temporal volumes of interest，SVOI)获取空域和时域维度的信息。Bao 等[31]基于光流块训练 PCA-Net 模型来提取深度特征。王军等[32]利用堆积去噪编码器分别提取行为的外观特征和运动特征，同时为了减少计算复杂度，将特征提取约束在稠密轨迹的空时体积中，并采用词包法将特征转化为行为视觉词表示，并利用加权相关性方法进行特征融合以提高特征的分类能力。相对于其他手工特征提取方法，这些基于深度特征的方法均能取得较为理想的检测效果，但通常需要较高的硬件需求，并需要庞大的训练样本集及较高的训练代价。

2.2　异常事件检测方法介绍

传统的模式识别方法通常关注两类或多类分类问题。一般的多类分类问题通常分解为多个二分类问题，并将二分类问题看作最基本的分类任务[34]。在一个二分类问题中，给定一个训练样本集 $X=\{(x_i,\omega_i)\mid x_i\in \mathrm{R}^D, i=1,2,\cdots,N\}$，其中每个样本包含一个 D 维的向量 x_i 和标签 $\omega_i\in\{-1,1\}$。根据有标签的数据集，可以构建一个函数 $h(x)$，使得对于给定的输入向量 x'，可获得对它的标签的估计值，$\omega=h(x'\mid X)$，$h(x'\mid X)$：$\mathrm{R}^D\to[-1,1]$。然而，异常事件检测问题是属于一分类问题框架下的[35]，其中，一类样本(正常事件，记为正样本)必须要可区分于其他所有可能(异常事件，记为负样本)。通常假设正常事件数据是容易获取的，而异常事件数据很少甚至是没有的。负样本的缺乏可能源于过高的获取代价或较低的出现频率。例如，在监控视频中，大多数的监控场景内周围环境及人群都处于正常模式，发生恐慌或暴乱的情况是十分罕见的。因此，在正常监控条件下获取正常事件样本是非常方便和容易的。相反,想要获取异常事件数据十分困难有时甚至不可能。

在异常事件检测问题中,正常模式 x 用于训练,推导出正常事件模型 $M(\theta)$,并利用该模型为测试样本 x 分配一个异常得分 $z(x)$,其中 θ 为模型的参数。较大的异常得分 $z(x)$ 对应相比于正常模型更大的异常可能性。定义一个异常性阈值 $z(x)=k$,使得当 $z(x)\leqslant k$ 时,x 被判定为正常,否则判定为异常。因此,$z(x)=k$ 定义了一个决策边界。从所采用的模型角度出发,异常事件检测算法可大致分为以下四类:基于概率的异常事件检测方法、基于距离的异常事件检测方法、基于重构的异常事件检测方法及基于域的异常事件检测方法。下面对这四类方法进行详细阐述。

2.2.1 基于概率的异常事件检测方法

基于概率的异常事件检测方法通常涉及对正常样本的密度估计。这些方法假设某些区域的训练样本集密度低就表示这些区域包含正常目标的概率较低。基于概率的模型主要基于估计数据的概率密度函数,然后将得到的分布阈值化以定义数据空间中的正常样本边界,并检验测试样本是否来自同一分布。数据的概率分布估计技术通常可分为两类:参数方法和非参数方法。前者限制数据符合某种模型,因此当该模型不适于该数据时就会导致较大的偏差。后者需要很少的假设,因此会构建一个比较灵活的模型。该模型会不断扩大规模以适应数据的复杂性,但这需要大量的样本来拟合出更可靠的模型。

参数方法假设正常样本是以某种潜在参数分布生成,该分布具有参数 θ 和概率密度函数 $p(x,\theta)$,x 对应于一个样本。参数 θ 通过训练样本确定。最常用的分布形式为高斯分布,其参数则根据训练样本通过最大似然估计(maximum likelihood estimate,MLE)获得。文献[36]就是通过多个单高斯模型对正常事件建模进行异常检测。更复杂的数据形式可由高斯混合模型(Gaussian mixture model,GMM)进行建模[16,37]。Yu 等[38]利用高斯-泊松混合模型(Gaussian-Poisson mixture model,GPMM)对正常行为模式进行建模。Ryan 等[16]在一个常规的监控数据集上训练正常模型,利用每块的特征向量 f 来训练一个高斯混合模型,其概率密度函数为

$$p(f \mid \Theta) = \sum_{k=1}^{K} \alpha_k N(f;\mu_k,\Sigma_k) \tag{2.11}$$

式中,α_k、μ_k 和 Σ_k 分别表示第 k 个分量的权重、均值和方差。

隐马尔可夫模型[34](hidden Markov model,HMM)也是在异常事件检测中常用的概率模型[40]。HMM 在对随时间变化的数据建模和捕获变量间隐藏的关系结构方面是十分有效的。在 HMM 中有两个基本假设:第一,状态转移只以前一状态为条件;第二,观测变量只与当前状态有关,因此在给定当前状态下,认为后续

的观测变量都是彼此独立的。通常 HMM 由 5 个参数定义，即 $M=\{H,o,b,A,\pi\}$，其中，H 为隐变量个数，o 为可能的观测变量值，b 为观测值概率矩阵，A 为状态转移矩阵，π 为初始概率向量。Kratz 等[19]认为视频序列中同一空间位置处的空间体在时域上具有 Markov 属性。因此，他们独立观察每个空间位置，并为每个空间位置 n 构建一个 HMM，即 $M^n=\{H^n,o^n,b^n,A^n,\pi^n\}$。为了考虑空时体的空间邻域信息，构建了融合空间信息的耦合 HMM，并用此模型对正常事件进行建模以识别异常事件。

非参数方法无须对数据的分布作出假设，而是通过大量的样本对模型进行拟合。其中，最为经典的方法是核密度估计[41]（kernel density estimator，KDE）。数据空间中每一个位置处的概率密度估计都依赖核局部邻域内的数据点。核密度估计将核放置于每个数据点处，然后对来自每个核的局部贡献进行累加。这种核密度估计方法通常称为 Parzen 窗估计方法[42]。Saleemi 等[43]利用核密度估计技术，通过观察一段时间内目标的轨迹来学习目标的正常运动模式。Ramezani 等[44]在基于视频的异常检测中，将通常使用的高斯核替换为柯西(Cauchy)核，并提出一种基于递归的核密度估计方法，计算上十分快速有效。该方法能够逐步更新背景模型并通过一种无监督在线学习方式不断更新异常判断的准则。

基于概率的异常检测方法有较好的数学理论基础，并且一旦获得了准确的概率密度函数，可快速有效地识别异常事件。此外，一旦模型建立，只需很少的信息就可以表示该模型，而不需要存储整个训练数据集。基于概率的方法也称为“透明”的方法，即其输出可通过标准的计算技术进行分析。然而，当训练样本集数量很小时，这种基于概率的方法的性能将受到限制，在高维样本空间中尤为明显[45]。

2.2.2　基于距离的异常事件检测方法

基于距离的异常事件检测方法包括在分类问题中广泛应用的最近邻方法和聚类方法。这类方法假设正常数据紧密聚集，而异常数据往往远离其最近邻。

在最近邻方法中，假设正常数据点在正常样本训练集中具有较近的邻居，而异常数据点远离这些作为训练样本的正常数据点[46]。若一个数据点远离其邻域，则认为该点是一个局外点。欧氏距离、马氏距离等是比较常用的距离度量方式。Cong 等[47]将异常事件检测问题看做匹配问题，这就克服了基于概率的模型当样本量很小时不稳定的缺点。当测试一个空时视频片段是否正常时，搜索测试样本在训练集中最匹配样本。定义训练样本集为 $D=\{x_1,x_2,\cdots,x_N\}$，$x_i\in \mathrm{R}^d$，$i=1,2,\cdots,N$，给定查询样本 $y\in \mathrm{R}^d$，用 l_p 范数距离 d 作为相似度度量：

$$d(x,y)=\|x-y\|_p=\left(\sum_{j=1}^{d}|x(j)-y(j)|^p\right)^{\frac{1}{p}} \tag{2.12}$$

其关键任务是快速找到使 $d(x,y)$ 最小的一个向量 $x^*\in D$，即有 $d(x^*,y)=\min\limits_{x\in D}d(x,y)$。

在实际应用中,遇到大规模数据或者超高维特征情况时,这种穷举搜索的方式是十分耗时的,因此他们采用随机投影技术来加速搜索。

当从聚类角度考虑异常事件检测时,训练和学习过程涉及将相似的图像/视频片段描述聚合到一起并创建有限数量的簇。如果利用正常样本训练好这样一个统计模型,那么一个基于聚类的异常检测模型也就随之构建起来。数据集中没有位于主簇中的对象则被认为是异常样本,即异常事件。K 均值(K-means)算法是广泛使用的一种聚类算法。为了克服其在行为聚类中的局限性,一些学者对 K 均值算法进行了改进以适应基于视频的异常事件检测,如改进最大距离初始化方法[48]、K 中心点(K-medoids)算法[49]及基于蚁群的聚类算法[50]。Marsland[51]总结了在异常事件检测上应用各种聚类算法的基本假设:

(1) 正常实例属于某一簇,而异常实例不属于任何一个簇;

(2) 正常实例靠近它们最近的聚类中心,而异常实例远离它们最近的聚类中心;

(3) 正常实例属于较大簇,而异常数据属于较稀疏的簇。

基于聚类的方法不需要关于数据分布的先验知识,并与基于概率的方法共用相同的前提假设。最近邻技术依赖合适的距离矩阵来建立两点之间的相似性关系,而当面对高维数据空间时将需要很高的计算代价。基于聚类的方法适用于增量模型中,即当有新样本进入系统时可更新系统以使系统具有自适应外界环境的能力。

2.2.3 基于重构的异常事件检测方法

基于重构的异常事件检测方法利用训练样本集训练一个回归模型。当利用训练好的模型对异常数据进行投影时,回归目标和真实观测值之间的重构误差就代表了异常得分。

高维特征通常能够更好地表示事件[12],但是为了很好地拟合概率模型,所需的训练样本数将随着特征维数的增加以指数级增长。在实际中,收集足够多的训练样本来进行密度估计往往是不现实的。因此,对于基于概率和基于距离的异常检测方法,高维特征和事件表示之间始终存在着无法逾越的鸿沟。注意到稀疏表示适用于使用较少的训练样本表示高维数据,Cong 等[52]利用稀疏重构的方法来检测视频异常事件。利用正常样本构建一个过完备的基底集 $\Phi = \mathrm{R}^{m \times D}$,其中 $m < D$。对于输入的测试样本 $y \in \mathrm{R}^m$,利用这些基底的稀疏线性组合对其进行重构,即

$$x^* = \arg\min \frac{1}{2} \| y - \Phi x \|_2^2 + \lambda \| x \|_1 \tag{2.13}$$

式中,x^* 为重构系数。利用基于 l_1 范数最小化的 SRC 对正常性进行量化表示:

$$\mathrm{SRC} = \frac{1}{2} \| y - \Phi x^* \|_2^2 + \lambda \| x^* \|_1 \tag{2.14}$$

正常样本通常具有较小的稀疏重构代价，而异常样本往往具有较大的稀疏重构代价。因此，可使用 SRC 作为异常事件检测任务中的异常性度量。此外，文中还对字典选择与权重更新做了深入研究，达到了较好的效果。Liu 等[13]提出一种基于双重稀疏表示的异常事件检测方法，该方法具有两个稀疏表示过程，其中一个判断该区域是否正常，而另一个判别该区域是否异常。两种判断通过模糊积分进行处理以获得对该区域最终的判定结果。Yuan 等[54]在稀疏表示框架中引入结构信息。Zhu 等[53]将字典学习问题表示为带有稀疏约束的非负矩阵分解（non-negative matrix factorization，NMF）问题。设 B 为正常样本的特征集合，目的是找到基底（字典）P 和系数矩阵 W，使得 B 在 EMD 测度下可被基底 P 的加权求和重构，即

$$\begin{aligned}&\min_{P,W}\|B-PW\|_{\mathrm{EMD}}+\lambda\|W\|_1\\&\text{s.t.}\ \ P\geqslant 0,\quad W\geqslant 0\end{aligned}\tag{2.15}$$

矩阵分解可认为是字典学习的一种特殊情况，字典的尺寸被约束为小于或等于观测数据维数[55]。在非负矩阵分解中可通过加入相应的约束项实现对基底或系数矩阵的稀疏约束。

基于重构的方法属于比较灵活的一类方法，不需要对数据进行先验假设，并且能够处理特征的不确定性和噪声问题[53]。这类方法的缺点是不能够显式地确定哪个特征对分类起到了关键性作用，并且在计算上往往需要较高的时间代价。

2.2.4　基于域的异常事件检测方法

基于域的异常事件检测方法通常试图利用训练数据的结构信息定义一个包围正常样本的边界，以此来描述正常样本的域。支持向量机是一种用于分析数据、识别模式的统计学习理论方法，可用于分类和回归问题中。通过使用核技术，隐式地将输入数据映射到高维特征空间中，使在低维空间中线性不可分样本在高维空间中线性可分。因此，SVM 可有效地执行非线性分类问题[56]。原始的 SVM 用于二分类问题，利用超平面最大化两类数据之间的分类间隔。位于分类边界附近、用来定义分类间隔的训练样本称为支持向量。在视频异常事件检测中，通常使用一类 SVM 方法[57-59]。其基本思想是在对应于某种核的特征空间内寻找一个分类边界，该分类边界以最大的分类间隔将变换后的训练数据与原点分开。该方法允许一小部分训练样本位于超平面和原点之间，即能够容忍正常样本中的局外点。

一类 SVM 中的超平面可由下述的约束最小化问题描述：

$$\begin{aligned}&\min_{w,\xi,b}\frac{1}{2}\|w\|^2+\frac{1}{vn}\sum_{i=1}^{n}\xi_i-b\\&\text{s.t.}\quad\langle w,\Phi(x_i)\rangle\geqslant b-\xi_i,\quad \xi_i\geqslant 0\end{aligned}\tag{2.16}$$

其中，$x_i \in X, i \in [1,2,\cdots,n]$为在原始数据空间 X 中的 n 个训练样本；$\Phi: X \to H$ 将样本 x_i 映射到特征空间 H；$\langle w, \Phi(x_i) \rangle - b = 0$ 为最大边缘决策超平面；ξ_i 为用于惩罚局外点的松弛变量；$v \in (0,1]$为用于约束松弛变量的超参数，协调可接受的局外点个数；映射 Φ 可使在特征空间 H 内通过一个线性分类器求解非线性分类问题。核函数定义为 $k(x_i, x_j) = \langle \Phi(x_i), \Phi(x_j) \rangle$，在特征空间 H 内进行点乘计算。决策函数定义为

$$f(x) = \mathrm{sgn}\left(\sum_{i-1}^{n} \alpha_i k(x_i, x_j) - b\right) \tag{2.17}$$

式中，α_i 为拉格朗日乘子。高斯、多项式及 Sigmoid 等都是比较常用的核函数。

基于域的异常事件检测方法只利用训练样本中离异常边界最近的那些数据点来确定异常边界，而不依赖训练集中样本分布的属性。这类方法因为涉及核函数的计算，所以一般具有较高的计算复杂度。此外，不同的核函数将对检测的结果造成影响，因此如何选择一个适合当前应用场景的核函数也是这类异常检测算法需要解决的问题。

2.3　本章小结

本章从视频事件表示和模型构建两个方面详细介绍了经典的方法和技术。对于视频事件表示，分别介绍了目标级和像素级的事件描述方法。从模型构建角度出发，将异常事件检测方法分成了四大类，即基于概率的异常事件检测方法、基于距离的异常事件检测方法、基于重构的异常事件检测方法和基于域的异常事件检测方法，并分别介绍了每类方法的基本思想、优势和弊端。

参考文献

[1] Johnson N, Hogg D. Learning the distribution of object trajectories for event recognition[J]. Image and Vision Computing, 1996, 14(8): 609-615.

[2] Owens J, Hunter A. Application of the self-organizing map to trajectory classification[C]// IEEE International Workshop on Visual Surveillance, 2000: 77-83.

[3] Hu W M, Xiao X J, Fu Z Y, et al. A system for learning statistical motion patterns[J]. IEEE Transactions on Pattern Analysis and Machine Intelligence, 2006, 28(9): 1450-1464.

[4] Cui X Y, Liu Q S, Gao M C, et al. Abnormal detection using interaction energy potentials [C]//IEEE Conference on Computer Vision and Pattern Recognition, 2011: 3161-3167.

[5] Zhang X X, Liu H, Gao Y, et al. Detecting abnormal events via hierarchical dirichlet processes [C]//Advances in Knowledge Discovery and Data Mining, 2009: 278-289.

[6] Gibson J J. The perception of the visual world[J]. Journal of Aesthetics & Art Criticism, 1951, 64(3): 440-444.

[7] Horn B K P. Robot Vision[M]. Cambridge: MIT Press, 1986.

[8] Horn B K P, Schunck B G. Determining optical flow[J]. Artificial Intelligence, 1981, 17(1-3): 185-203.

[9] Lucas B D, Kanade T. An iterative image registration technique with an application to stereo vision[C]//International Joint Conference on Artificial Intelligence, 1981, (81): 674-679.

[10] Chaudhry R, Ravichandran A, Hager G, et al. Histograms of oriented optical flow and binet-cauchy kernels on nonlinear dynamical systems for the recognition of human actions[C]// IEEE Conference on Computer Vision and Pattern Recognition, 2009: 1932-1939.

[11] Yuan Y, Fang J W, Wang Q. Online anomaly detection in crowd scenes via structure analysis [J]. IEEE Transactions on Cybernetics, 2014, 45(3): 562-575.

[12] Cong Y, Yuan J S, Liu J. Sparse reconstruction cost for abnormal event detection[C]//IEEE Conference on Computer Vision and Pattern Recognition, 2011: 3449-3456.

[13] Liu P, Tao Y, Zhao W, et al. Abnormal crowd motion detection using double sparse representation[J]. Neurocomputing, 2017, 269(20): 3-12.

[14] Fang Z J, Fei F C, Fang Y M, et al. Abnormal event detection in crowded scenes based on deep learning[J]. Multimedia Tools & Applications, 2016, 75(22): 1-23.

[15] Reddy V, Sanderson C, Lovell B C. Improved anomaly detection in crowded scenes via cell-based analysis of foreground speed, size and texture[C]//IEEE Computer Society Conference on Computer Vision and Pattern Recognition Workshops, 2011: 55-61.

[16] Ryan D, Denman S, Fookes C, et al. Textures of optical flow for real-time anomaly detection in crowds[C]//IEEE International Conference on Advanced Video and Signal-Based Surveillance, 2011: 230-235.

[17] Mehran R, Moore B E, Shah M. A streakline representation of flow in crowded scenes[C]// Proceedings of European Conference on Computer Vision, 2010: 439-452.

[18] Chaker R, Aghbari Z A, Junejo I N. Social network model for crowd anomaly detection and localization[J]. Pattern Recognition, 2017, 61: 266-281.

[19] Kratz L, Nishino K. Anomaly detection in extremely crowded scenes using spatio-temporal motion pattern models[C]//IEEE Conference on Computer Vision and Pattern Recognition, 2009: 1446-1453.

[20] Bertini M, Del Bimbo A, Seidenari L. Multi-scale and real-time non-parametric approach for anomaly detection and localization[J]. Computer Vision and Image Understanding, 2012, 116(3): 320-329.

[21] Boiman O, Irani M. Detecting irregularities in images and in video[J]. International Journal of Computer Vision, 2007, 74(1): 17-31.

[22] 周培培，丁庆海，罗海波，等. 视频监控中的人群异常行为检测与定位[J]. 光学学报，2018，38(8): 97-105.

[23] Yu Y P, Shen W, Huang H, et al. Abnormal event detection in crowded scenes using two sparse dictionaries with saliency[J]. Journal of Electronic Imaging, 2017, 26(3): 033013.

[24] Hu X, Hu S Q, Zhang X Y, et al. Anomaly detection based on local nearest neighbor distance descriptor in crowded scenes[J]. The Scientific World Journal, 2014, 2014: 632575.

[25] Zhang Y, Lu H, Zhang L, et al. Combining motion and appearance cues for anomaly detection[J]. Pattern Recognition, 2016, 51: 443-452.

[26] Wang J, Xu Z. Spatio-temporal texture modelling for real-time crowd anomaly detection[J]. Computer Vision & Image Understanding, 2016, 144(C): 177-187.

[27] Ravanbakhsh M, Nabi M, Mousavi H, et al. Plug-and-play CNN for crowd motion analysis: An application in abnormal event detection[C]//IEEE Winter Conference on Applications of Computer Vision, 2018, 1: 1689-1698.

[28] Hu X, Hu S, Huang Y, et al. Video anomaly detection using deep incremental slow feature analysis network[J]. IET Computer Vision, 2016, 10(4): 258-265.

[29] Ravanbakhsh M, Nabi M, Sangineto E, et al. Abnormal event detection in videos using generative adversarial nets[C]//IEEE International Conference on Image Processing, 2017: 1577-1581.

[30] Zhou S, Shen W, Zeng D. Spatial-temporal convolutional neural networks for anomaly detection and localization in crowded scenes[J]. Signal Processing: Image Communication, 2016, 47: 358-368.

[31] Bao T L, Karmoshi S, Ding C H, et al. Abnormal event detection and localization in crowded scenes based on PCANet [J]. Multimedia Tools & Applications, 2017, 76 (22): 23213-23224.

[32] 王军,夏利民. 基于深度学习特征的异常行为检测[J]. 湖南大学学报:自然科学版,2017,44(10):130-138.

[33] Sabokrou M, Fayyaz M, Fathy M, et al. Deep-anomaly: Fully convolutional neural network for fast anomaly detection in crowded scenes[J]. Computer Vision and Image Understanding, 2018, 172: 88-97.

[34] Barber D. Bayesian Reasoning and Machine Learning[M]. Cambridge: Cambridge University Press, 2012.

[35] Moya M, Koch M, Hostetler L. One-class classifier networks for target recognition applications[C]//Proceedings of the World Congress on Neural Networks, 1993: 797-801.

[36] Thida M, Eng H L, Remagnino P. Laplacian eigenmap with temporal constraints for local abnormality detection in crowded scenes [J]. IEEE Transactions on Cybernetics, 2013, 43(6): 2147-2156.

[37] Lu T, Wu L, Ma X L, et al. Anomaly detection through spatio-temporal context modeling in crowded scenes [C]//IEEE International Conference on Pattern Recognition, 2014: 2203-2208.

[38] Yu J, Gwak J, Jeon M. Gaussian-Poisson mixture model for anomaly detection of crowd behaviour[C]//International Conference on Control, Automation and Information Sciences, 2017: 106-111.

[39] Rabiner L. A tutorial on hidden Markov models and selected applications in speech recognition[C]//Proceedings of the IEEE,1989,77(2):257-286.

[40] Vasquez D,Fraichard T,Laugier C. Growing hidden Markov models:An incremental tool for learning and predicting human and vehicle motion[J]. The International Journal of Robotics Research,2009,28(11):1486-1506.

[41] Bishop C M. Pattern Recognition and Machine Learning[M]. New York:Springer,2006.

[42] Parzen E. On estimation of a probability density function and mode[J]. The Annals of Mathematical Statistics,1962,33(3):1065-1076.

[43] Saleemi I,Shafique K,Shah M. Probabilistic modeling of scene dynamics for applications in visual surveillance[J]. IEEE Transactions on Pattern Analysis and Machine Intelligence, 2009,31(8):1472-1485.

[44] Ramezani R,Angelov P,Zhou X. A fast approach to novelty detection in video streams using recursive density estimation[C]//International IEEE Conference Intelligent Systems,2008, 2(14):2-7.

[45] Pimentel M A F,Clifton D A,Clifton L,et al. A review of novelty detection[J]. Signal Processing,2014,99:215-249.

[46] Hautamäki V,Kärkkäinen I,Fränti P. Outlier detection using k-nearest neighbour graph [C]//International Conference on Pattern Recognition,2004:430-433.

[47] Cong Y,Yuan J S,Tang Y D. Video anomaly search in crowded scenes via spatio-temporal motion context[J]. IEEE Transactions on Information Forensics and Security,2013,8(10): 1590-1599.

[48] 张俊阳,谢维信,植柯霖. 基于运动前景效应图特征的人群异常行为检测[J]. 信号处理, 2018,34(3):296-304.

[49] Calderara S,Cucchiara R,Prati A. Detection of abnormal behaviors using a mixture of von Mises distributions[C]//IEEE Conference on Advanced Video and Signal Based Surveillance,2007:141-146.

[50] Kejun W,Oluwatoyin P P. Ant-based clustering of visual-words for unsupervised human action recognition[C]//Second World Congress on Nature and Biologically Inspired Computing,2010:654-659.

[51] Marsland S. Novelty detection in learning systems[J]. Neural Computing Surveys,2003, 3(2):157-195.

[52] Cong Y,Yuan J S,Liu J. Abnormal event detection in crowded scenes using sparse representation[J]. Pattern Recognition,2013,46(7):1851-1864.

[53] Zhu X B,Liu J,Wang J Q,et al. Sparse representation for robust abnormality detection in crowded scenes[J]. Pattern Recognition,2014,47(5):1791-1799.

[54] Yuan Y,Feng Y C,Lu X Q. Structured dictionary learning for abnormal event detection in crowded scenes[J]. Pattern Recognition,2018,73:99-110.

[55] Das Gupta M,Xiao J. Non-negative matrix factorization as a feature selection tool for maxi-

mum margin classifiers[C]//IEEE Conference on Computer Vision and Pattern Recognition,2011:2841-2848.

[56] Boser B E, Guyon I M, Vapnik V N. A training algorithm for optimal margin classifiers [C]//Proceedings of the Fifth Annual Workshop on Computational Learning Theory,1992: 144-152.

[57] Wang T,Snoussi H. Detection of abnormal visual events via global optical flow orientation histogram[J]. IEEE Transactions on Information Forensics and Security, 2014, 9(6): 988-998.

[58] Wang T,Qiao M N,Zhu A C,et al. Abnormal event detection via covariance matrix for optical flow based feature[J]. Multimedia Tools & Applications,2018,77(13):17375-17395.

[59] Direkoglu C,Sah M,O'Connor N E. Abnormal crowd behavior detection using novel optical flow-based features[C]//IEEE International Conference on Advanced Video and Signal Based Surveillance,2017:1-6.

第3章 基于高阶运动特征的视频异常事件检测

3.1 引 言

运动是视频中最重要的信息，而光流是用于描述像素级瞬时运动的最重要工具之一。它不需要跟踪技术，而通常利用相邻两帧图像之间的亮度一致性对应关系来确定运动的起点和终点。目前存在很多基于光流的视频描述方法，在此将这种利用相邻两帧计算光流场及在此基础上对其运动分布进行统计的特征称为一阶运动特征。Cong 等[1]提出的多尺度光流直方图方法取得了较为理想的结果，并在后续研究中得到了广泛应用[2,3]。该方法中，在光流计算基础上，对光流的大小和方向进行统计，得到了包含运动大小和方向信息的直方图统计特征。然而注意到，视频中的异常通常由运动变化引起，如速度大小的突然变化、运动方向的突然改变等都是发生异常的关键性标识信息。因此，运动变化信息将是描述视频事件的有效特征。然而，传统的基于光流的统计特征通常只描述运动的大小和方向等一阶运动状态，无法对运动的变化情况进行描述。基于此，本章提出一种基于高阶运动特征的视频描述方法，以刻画运动的变化信息。在本书中，高阶运动特征指利用多帧图像获得的描述运动变化的特征。

在对视频进行特征描述后，利用基于核的空 Foley-Sammon 变换（kernel based null Foley-Sammon transform，KNFST）[4]算法进行视频异常事件检测。空 Foley-Sammon 变换（null Foley-Sammon transform，NFST）算法能够将样本映射到零空间内，使得所有属于同一类的训练样本投影到一个点上。由于 NFST 受小样本问题的限制，因此引入核技巧将样本投影到高维空间后再进行 NFST 操作，这就是 KNFST。KNFST 算法根据零空间内测试样本到训练样本的距离进行异常检测。由于 KNFST 算法在对数据进行投影操作时快速有效，并且基于距离的异常事件检测算法计算简单、语义直观，因此本书在对视频进行内容描述后，利用 KNFST 算法对异常事件进行检测。本章提出的基于高阶运动特征的异常事件检测算法流程如图 3.1 所示。

下面将详细介绍基于高阶运动特征的运动描述方法，并在全局和局部异常检测数据集上进行测试，验证本章提出算法的有效性。

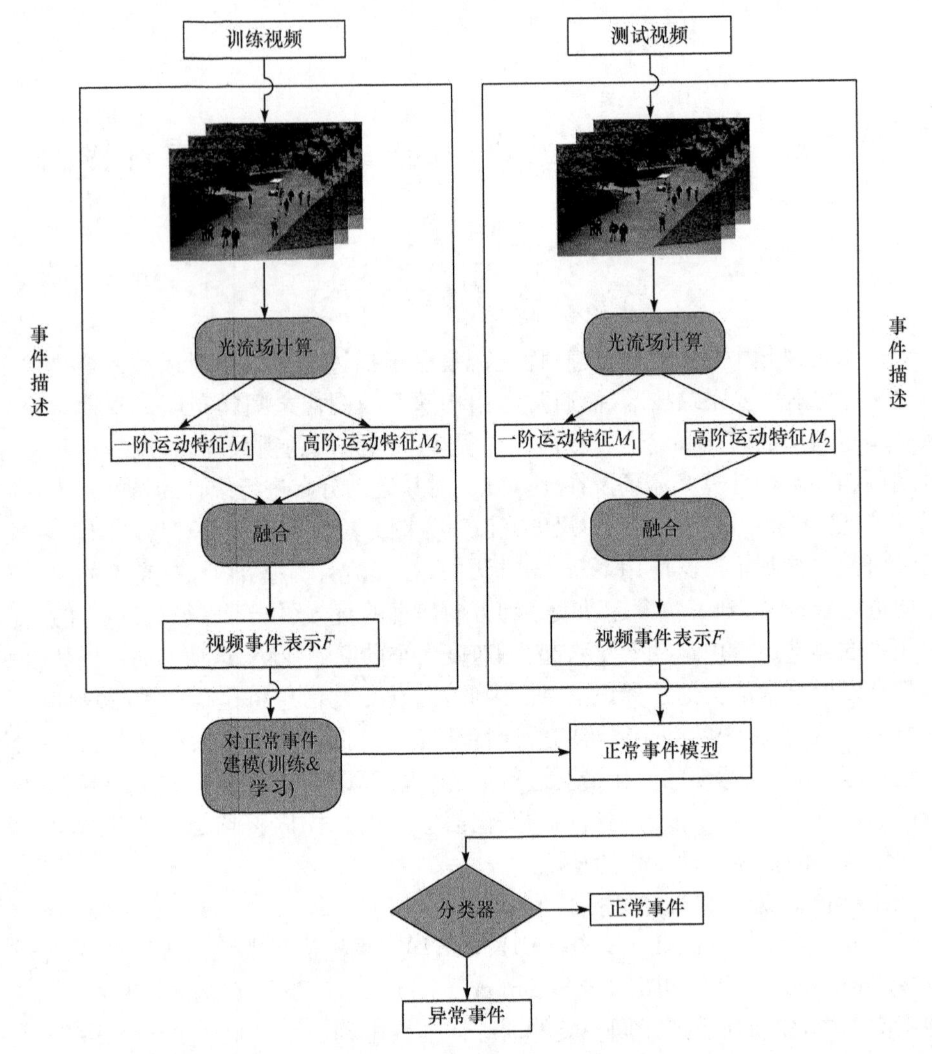

图 3.1 基于高阶运动特征的视频异常事件检测流程

3.2 一阶运动特征提取

本书使用 Liu[5]提出的方法计算光流场,其他光流方法如 L-K 方法[6]和 H-S 方法[7]等也是可用的光流场计算方法。在估计光流场之后,将图像分成一些基本的单元,即大小为 $n\times n$ 的图像块,然后利用文献[1]中的方法提取每个图像单元的多尺度光流直方图特征,并将此特征视为一阶运动特征。

对于基本单元内的任一像素(x,y),利用式(3.1)对其进行量化:

$$h(x,y)=\begin{cases}\mathrm{round}\left(\dfrac{p\theta(x,y)}{2\pi}\right)\mathrm{mod}p, & r(x,y)<\tau\\ \mathrm{round}\left(\dfrac{p\theta(x,y)}{2\pi}\right)\mathrm{mod}p+p, & r(x,y)\geqslant\tau\end{cases}\tag{3.1}$$

式中，$r(x,y)$和$\theta(x,y)$分别为点(x,y)处的运动能量和运动方向。

采用文献[1]中的量化强度 $p=8$，该直方图共有 16 个柱，如图 3.2 所示。前 8 个柱表示当运动能量值 $r<\tau$ 时(图 3.2 中的内层)的 8 个运动方向，而后 8 个柱则对应于 $r\geqslant\tau$(图 3.2 中的外层)的 8 个运动方向。因此，该 MHOF 特征不仅能像传统的光流直方图那样描述运动方向信息，也能保留空间内容信息。在此使用两个尺度，τ 值设置为 1。至此，对于每个基本单元，可得到 16 维的一阶运动特征描述。

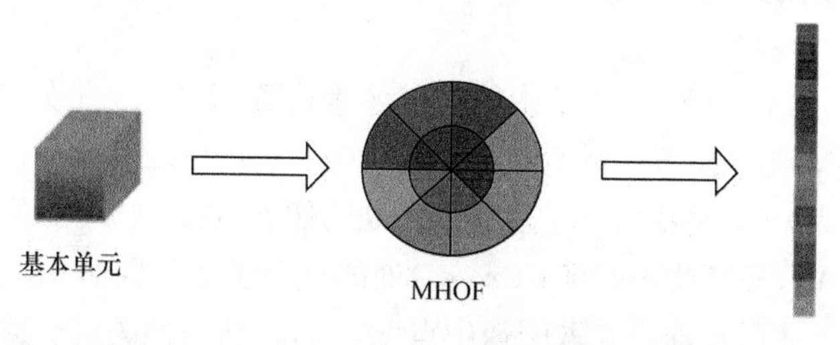

图 3.2　基本单元内多尺度光流直方图的提取

3.3　高阶运动特征提取

视频中的异常通常由运动变化引起，如速度大小的突然变化、运动方向的突然改变等都是发生异常的关键性标识信息。本章提出一种基于高阶运动特征的视频描述方法，利用多帧图像信息，在光流计算的基础上实现短时跟踪，从而获得刻画运动变化属性的高阶运动特征。

运动速度的提取通常是通过目标跟踪来实现的。通过跟踪算法，获取运动目标在各帧图像中的空间坐标位置，从而获得运动速度。虽然目前有很多学者已经提出了高性能的目标跟踪算法，然而在处理目标粘连、目标遮挡及拥挤场景时往往会失效。一旦跟踪算法出现错误，将严重影响运动速度的计算。因此，利用跟踪算法求取目标的运动速度在很多场景下是十分受限和不实际的。本章提出的高阶运动特征提取方法中，首先利用相邻两帧图像计算光流场，获得目标的一阶运动特征，然后在此光流场的计算基础上，利用相邻两帧的光流场进行短时跟踪，从而实现高阶运动特征的计算。这种高阶运动特征的计算是基于三帧图像内的短时跟踪得到的，充分利用了光流计算结果，克服了跟踪算法中目标丢失、目标粘连等情况下跟踪结果不稳定的问题。图 3.3 给出了高阶运动特征的计算示意图。

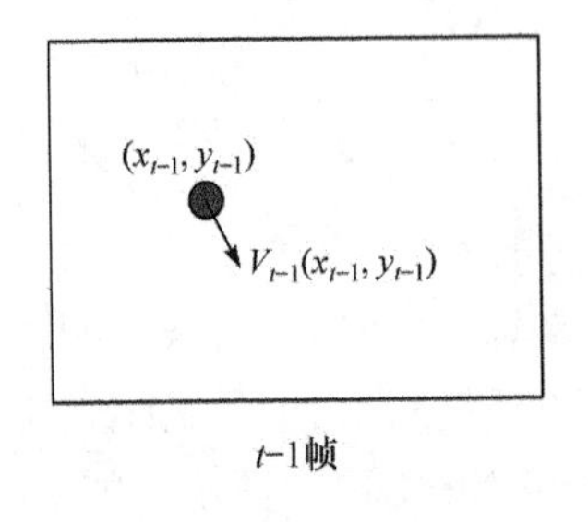

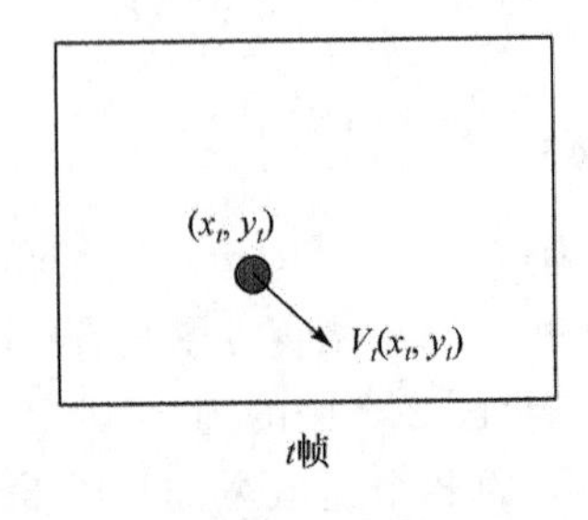

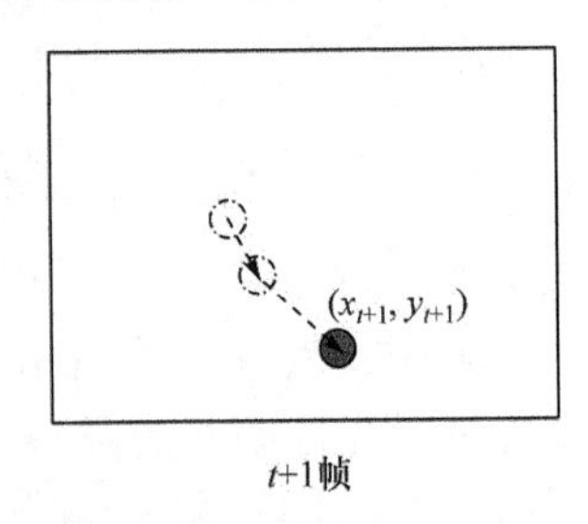

图 3.3 高阶运动特征计算示意图

高阶特征提取的具体计算方法如下。

(1) 通过光流算法,利用 $t-1$、t 和 $t+1$ 帧计算出 $t-1$ 帧和 t 帧的运动矢量场 V_{t-1} 和 V_t。

(2) 设(x_{t-1},y_{t-1})为 $t-1$ 帧中的任一像素位置,利用 $t-1$ 处的运动场,可求得像素点(x_{t-1},y_{t-1})在下一帧处的位置,即$(x_t,y_t)=(x_{t-1},y_{t-1})+V_{t-1}(x_{t-1},y_{t-1})$;$(x_t,y_t)$为 $t-1$ 帧中(x_{t-1},y_{t-1})位置处的像素点在 t 帧中的位置。根据 t 帧的运动矢量场 V_t,又可获得 t 帧中(x_t,y_t)处的运动速度信息 $V_t(x_t,y_t)$。

(3) 通过上述两步即可获取图像中点(x_t,y_t)在前一帧的运动速度 $V_{t-1}(x_{t-1},y_{t-1})$和当前帧的运动速度 $V_t(x_t,y_t)$,因此速度的变化可通过相邻两帧的速度矢量之差获得,即 $A(x_t,y_t)=V_t(x_t,y_t)-V_{t-1}(x_{t-1},y_{t-1})$。其中,$A$ 为运动的高阶描述,表示运动速度的变化信息。

在获得运动变化矢量场 A 后,采用 3.2 节的基本单元划分办法将运动变化矢量场 A 进行划分,并对每个基本单元利用式(3.1)进行直方图统计。

为了检测不同的异常事件,即全局异常事件和局部异常事件,这里采用两种不同的空时结构。对于全局异常事件检测,选择可以涵盖整帧信息的空间基,如图 3.4(a)所示。对于局部异常事件检测,提取能够包含空时内容信息的空时基,如图 3.4(b)所示。

记一阶运动特征为 M_1、高阶运动特征为 M_2,利用式(3.2)对一阶运动特征和高阶运动特征进行融合:

$$F=w\times M_1\oplus(1-w)\times M_2 \tag{3.2}$$

式中,$\oplus$为直方图的拼接操作;w 为平衡一阶运动特征与高阶运动特征的权重。当 w 为 0 时,表示只使用高阶运动特征;当 $w=1$ 时,表示只使用一阶运动特征。

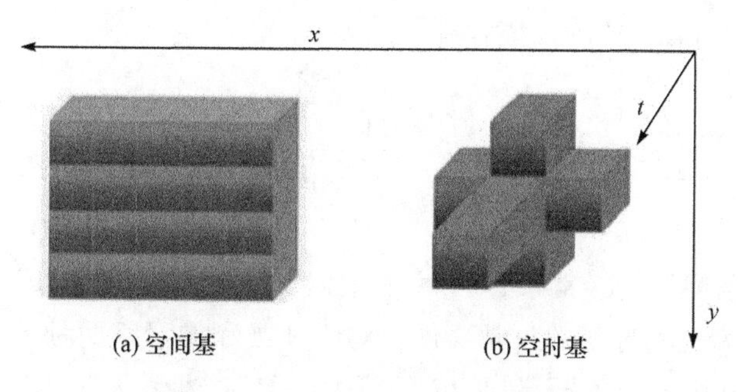

图 3.4　异常检测的基本结构单元

3.4　局部与全局异常事件检测

为了验证高阶运动特征的有效性，在公用数据库 UCSD 数据集[8]和 UMN 数据集[9]上进行验证。其中，UCSD 数据集用于局部异常检测，UMN 数据集用于全局异常检测。

3.4.1　评价指标

实验中使用两种不同级别的指标对算法的性能进行评价，即帧级评价指标和像素级评价指标[8]。

(1) 帧级评价指标：若一帧中至少包含一个异常像素，则认为该帧是异常帧，然后将检测结果与帧级 Groundtruth 进行对比。这种帧级的评价方法不能够验证该检测结果是否与异常的实际位置一致，因此可能会出现一些正确检测的正样本实际上是由错误检测与异常事件共同发生导致的。也就是说，一些正确检测的正样本并不是因为真正检测到了异常区域，而是因为将某个正常区域错判为异常区域，从而导致该样本被判定为正样本。因此，除了帧级的评价方法外，还使用像素级评价指标对异常区域定位的准确性进行验证。

(2) 像素级评价指标：首先进行帧级评价，过程与上述帧级评价相同。当某帧被判为异常帧时，将检测结果与像素级 Groundtruth 做对比，若检测出至少 40％的真正的异常像素，则认为该帧是正确检测的正样本，即真阳性样本，否则为假阳性样本。

通过改变不同的异常阈值，即可获得帧级和像素级的接收者操作特性(receiver operating characteristic，ROC)曲线。ROC 曲线由真阳性率(true positive ratio，TPR)和假阳性率(false positive ratio，FPR)构成，其中，TPR 决定分类器对所有正样本进行正确分类的能力，而 FPR 定义了在所有负样本中被错误地判定为正样

本的个数。TPR 和 FPR 的具体计算公式为

$$\mathrm{TPR}=\frac{\mathrm{TP}}{\mathrm{TP}+\mathrm{FN}} \tag{3.3}$$

$$\mathrm{FPR}=\frac{\mathrm{FP}}{\mathrm{FP}+\mathrm{TN}} \tag{3.4}$$

式中,TP 为正确标记的异常事件;FN 为错误标记的正常事件;FP 为错误标记的异常事件;TN 为正确标记的正常事件。对于帧级和像素级两种评价方法,选择不同的阈值并计算相应的 TPR 和 FPR 即可生成 ROC 曲线。此外,还可使用如下不同的定量评价指标进行评价。

(1) 曲线下面积(area under curve,AUC):用于测量 ROC 曲线下的面积。根据是帧级评价还是像素级评价,分别有帧级 AUC(FAUC)和像素级 AUC(PAUC)两个指标。

(2) 等错误率(equal error rate,EER):FPR 与假阴性率(false negative rate,FNR)相等时的错误率。

(3) 检测率(rate of detection,RD):在等错误点处的检测率。

为了将以上四个定量指标 FAUC、PAUC、EER 和 RD 进行统一表达,本章提出了一种基于以上各帧级和像素级评价指标的综合评价指标 M,定义如下:

$$M=\beta\frac{\mathrm{FAUC}+(1-\mathrm{EER})}{2}+(1-\beta)\frac{\mathrm{PAUC}+\mathrm{RD}}{2} \tag{3.5}$$

式中,β 为平衡参数。因为 FAUC 与 EER 是基于帧级的评价指标,而 PAUC 与 RD 是基于像素级的评价指标,所以参数 β 可根据实际的应用场景或用户需求自行确定。若更倾向检测哪一段视频中出现了异常而无须精准地定位检测区域,则可设置一个较大的 β 值;若更关注视频帧中发生异常的区域或对象,则应将 β 设置为一个较小值。在本书中将 β 设置为 0.5,在实际应用中可根据实际情况自行确定。

3.4.2 局部异常事件检测实验结果与分析

对于局部异常事件检测,按照图 3.4 中的空时结构对基本单元进行特征描述。因此,每个基本单元的特征维数为(16+16)×7=224 维。在本节中,首先对所使用的局部异常事件检测数据集 UCSD 做简要介绍,然后通过实验确定参数 n 和 w 的取值,并通过实验验证引入高阶运动特征的重要性。

1. 数据集简介

UCSD 数据集由加利福尼亚大学圣地亚哥分校(University of California,San

Diego)的统计视觉计算实验室创建，通过固定位置的低分辨率摄像头获取，是局部异常事件检测中最常用的数据集。该数据集共包含 Ped1 和 Ped2 两个子集，其场景分别为校园中的不同人行道。Ped1 数据集中包含 34 个训练视频序列，每个序列包含 200 帧图像，均为正常事件，此外还包含 36 个测试视频序列，每个序列中包含 200 帧图像，并且每个视频序列中有一种或多种异常事件。36 个测试视频序列均有帧级 Groundtruth，其中的 10 个测试序列具有像素级 Groundtruth，标注了各帧中发生异常的具体位置。所有图像的分辨率均为 158×238。Ped2 数据集中包含 16 个训练视频序列，每个序列包含 120 帧、150 帧或 180 帧不等的图像，均为正常事件，此外还包含 12 个测试视频序列，每个序列中包含 150 帧或 180 帧不等的图像，并且每个视频序列中有一种或多种异常事件。12 个测试视频序列均有帧级 Groundtruth 和像素级 Groundtruth。Ped2 子集中所有图像的分辨率均为 240×360。在 Ped1 和 Ped2 各视频序列中，行人密度不尽相同，其中一些视频序列中行人十分密集，并伴有严重的相互遮挡现象。其中的异常事件通常为一些自然发生的事件，如汽车、滑板和自行车。但在当前环境中，这些事件被认为是异常事件。图 3.5 给出了该数据集中一些异常事件的示例图像。图 3.5(a)为 Ped1 数据集中测试视频序列 17 的第 10 帧、20 帧、30 帧图像，其中自行车为异常事件。图 3.5(b)为Ped1 数据集中测试视频序列 27 的第 65 帧、75 帧、90 帧图像，其中行驶的白色汽车为异常事件。图 3.5(c)为 Ped2 数据集中测试视频序列 5 的第 5 帧、50 帧、100 帧图像，其中行驶的自行车为异常事件。图 3.5(d)是 Ped2 数据集中测试视频序列 8 的第 36 帧、70 帧、124 帧图像，其中的自行车和滑板为异常事件。

(a) Ped1数据集中测试视频序列17

(b) Ped1数据集中测试视频序列27

(c) Ped2数据集中测试视频序列5

(d) Ped2数据集中测试视频序列8

图 3.5　UCSD Ped1 和 Ped2 数据集中的异常事件示例

2. 参数分析

实验中有两个参数需要确定:一个为基本图像单元的大小 n,另一个为融合权重 w。实验中通过遍历搜索的方式来确定这两个参数的最优取值。对于 Ped1 数据集,分块大小 n 从 6 到 14 以 2 为步长进行搜索,即 $n\in\{6,8,10,12,14\}$,而融合权重 w 从 0 到 1 以 0.1 为步长进行搜索,即 $w\in\{0,0.1,\cdots,1\}$。参数 n 和 w 对实验结果的影响如图 3.6 所示。

由图 3.6(a)、(b)可以看出,从帧级评价角度来看,10×10 和 8×8 的分块方式得到的 FAUC 始终高于其他分块方式,EER 也始终低于其他分块方式,因此可以发现,过大(14×14、12×12)和过小(6×6)的分块方式都会降低算法的帧级检测结果,而合适的分块方式(10×10、8×8)能够使算法达到最优的帧级检测性能。而从像素级评价角度出发,即从图 3.6(c)、(d)可以观察到,6×6 和 8×8 的分块方式获得的 PAUC 及 RD 始终低于其他较大的分块方式。并且当 n 取值 10、12 和 14 时,PAUC 保持平稳,即图 3.6(c)中的 10×10、12×12 和 14×14 的分块方式获得的曲线几乎重合。而图 3.6(d)中的 10×10、12×12 和 14×14 分块方式得到的 RD 值会随着 w 的变化而上下振荡,但总体趋势不分伯仲。因此可以看出,过小的分块方式(6×6)会降低算法的像素级检测性能,适中的分块方式才能使算法的像素级检测性能达到最优。综合以上的帧级和像素级评价指标及图 3.6(e)中的 M 值可以看出,10×10 的分块方式可以达到较优的检测性能,并且这种分块方式随着 w 的变化保持平滑的变化趋势,而不会像 12×12 和 14×14 那样在 RD 上产生剧烈的波动。因此在接下来的实验中,均采用 10×10 的分块方式。对于参数 w 的选择，观察图3.6(a)和图3.6(c)～(e)可以发现，随着w的变大，所有曲线整体呈现先上升后下降的趋势，在图3.6(b)中，随着w的增大，所有EER值整体呈现先下降后上升的趋势。综合各图可以得出，当$w=0.5$时可使算法的各项指标均达到最优的效果。因此在后续的实验中，针对UCSD Ped1数据集，本书采用$w=0.5$的融合方式对一阶和高阶运动特征进行融合。

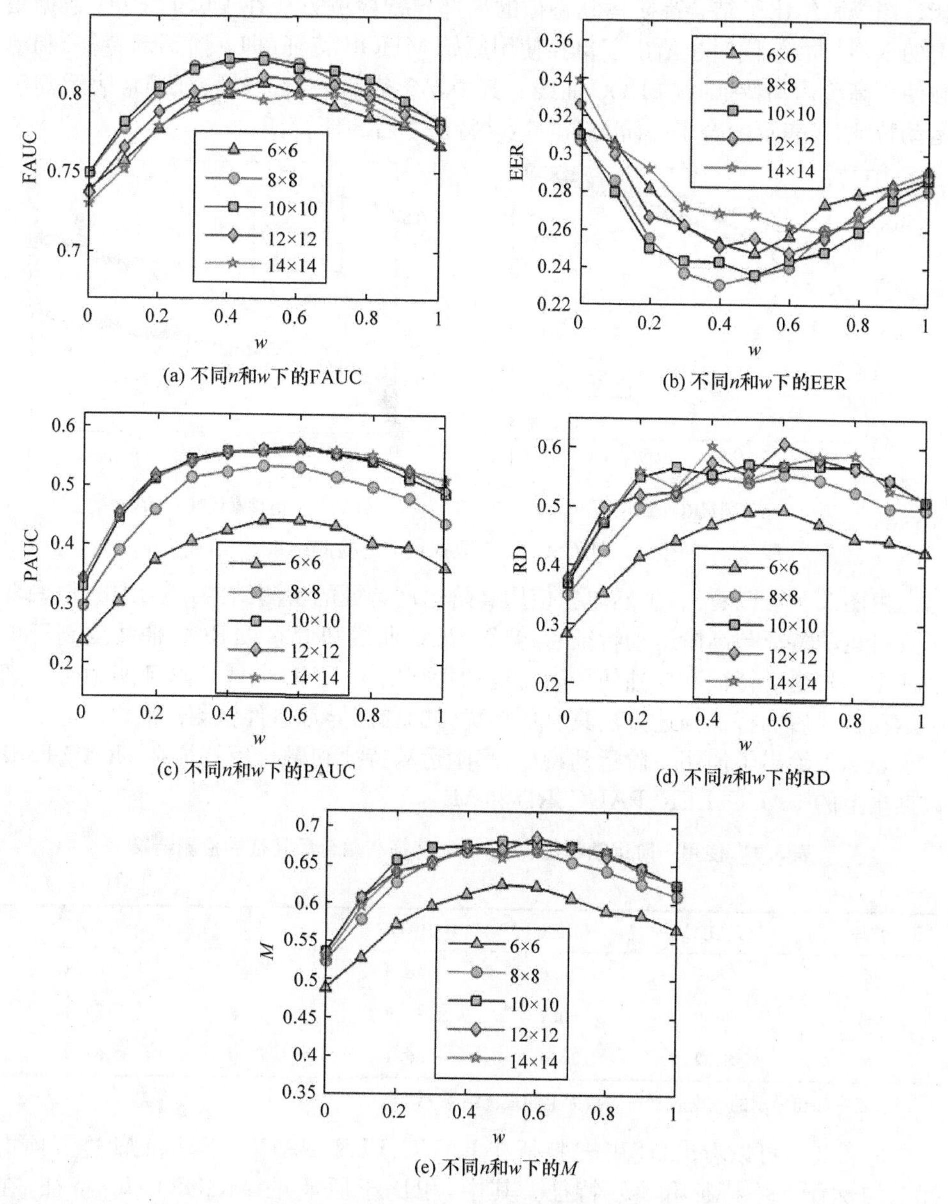

图3.6　参数n和w对实验结果的影响

对于 UCSD Ped2 数据集，同样通过上述遍历寻优的方式确定最优参数，分别为 $n=16, w=0.6$。

3. 实验结果与分析

下面仅通过 Ped1 数据集上的实验结果说明融合了高阶运动特征后的优越性能。图 3.7 给出了结合高阶运动特征的局部异常检测方法在 UCSD Ped1 数据集上的 ROC 曲线，同时也给出了单独使用原始 MHOF 特征（即一阶运动特征）和单独使用高阶运动特征时的 ROC 曲线。其中，M_1 表示一阶运动特征，M_2 表示高阶运动特征，F 表示融合了一阶与高阶运动特征之后的新特征。

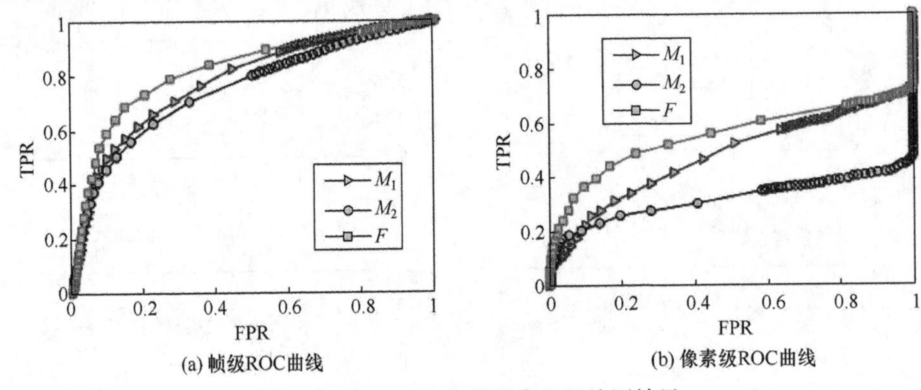

图 3.7　UCSD Ped1 数据集上的检测结果

由图 3.7 可以看出，虽然单独使用高阶运动特征的检测结果并不理想，但融合了一阶运动特征与高阶运动特征后，帧级 ROC 曲线和像素级 ROC 曲线均高于单独使用一阶运动特征和单独使用高阶运动特征时的 ROC 曲线。这证明融合了高阶运动特征后的特征描述方法具有更加优秀的局部异常事件检测性能。

表 3.1 给出了使用一阶运动特征、高阶运动特征和融合后特征在 UCSD Ped1 数据集上的 FAUC、EER、PAUC、RD 和 M。

表 3.1　使用一阶运动特征、高阶运动特征和融合后特征的检测结果

（单位：%）

特征	FAUC	EER	PAUC	RD	M
M_1	78.1	28.6	48.9	50.7	62.3
M_2	74.9	30.9	32.9	36.6	53.4
F	**82.2**	**23.6**	**56.1**	**57.0**	**67.9**

注：表中加粗显示的数据表示在该指标上的最优结果，余同。

由表 3.1 可以看出，使用 F 特征在 FAUC、EER、PAUC 、RD 和 M 这五项指标上均优于 M_1 特征和 M_2 特征。其中，相比于原始的 MHOF（M_1）特征，在 FAUC、PAUC 、RD 和 M 上分别高出 4.1、7.2、6.3 和 5.6 个百分点，在 EER 上低

了 5 个百分点。以上结果充分说明,引入了高阶运动特征后,检测性能相比于原始的 MHOF 特征有很大提高。

为了进一步证明高阶运动特征的有效性,对 UCSD Ped1 数据集中的 36 个测试视频序列分别进行实验,并通过遍历寻优方式寻找在各测试序列上的最优融合权重 w。图 3.8～图 3.10 显示了在视频序列 22、27 和 29 上的帧级 ROC 曲线。其中,视频序列 22 在 $w=0.6$ 时、视频序列 27 在 $w=0.2$ 时、视频序列 29 在 $w=0.7$ 时取得了最优的检测结果。表 3.2～表 3.4 显示了在视频序列 22、27 和 29 上检测结果的量化评价指标。由于测试序列 27 和 29 没有像素级 Groundtruth,因此表 3.3 和表 3.4 中只提供了与帧级评价方法相关的评价指标 FAUC 和 EER。

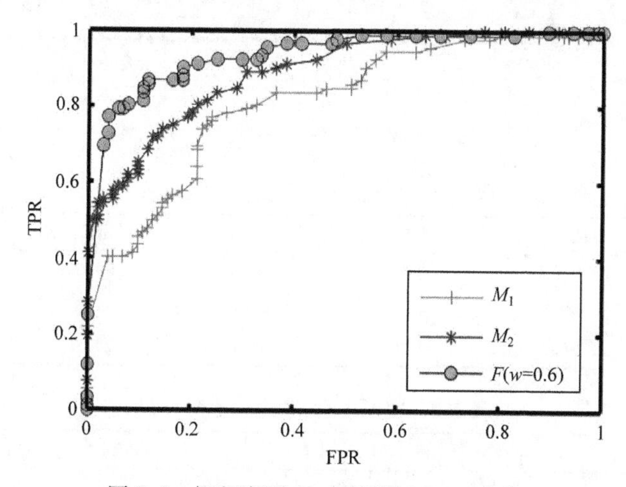

图 3.8　视频序列 22 上的帧级 ROC 曲线

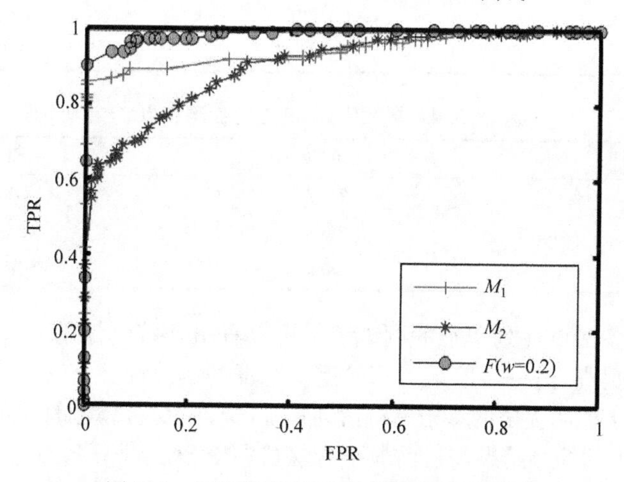

图 3.9　视频序列 27 上的帧级 ROC 曲线

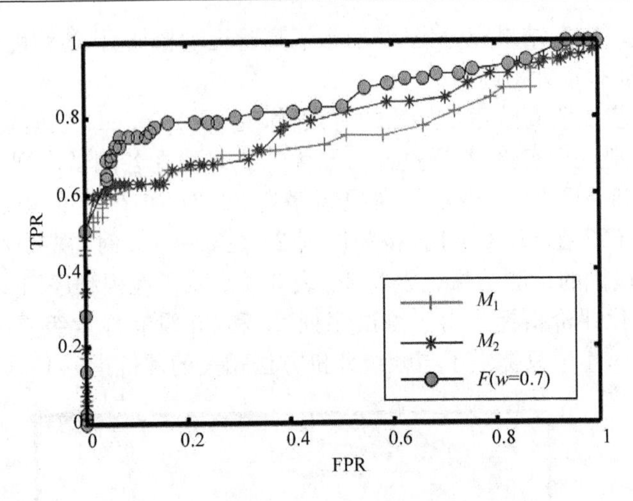

图 3.10 视频序列 29 上的帧级 ROC 曲线

表 3.2 视频序列 22 上的检测结果 (单位:%)

特征	FAUC	EER	PAUC	RD	M
M_1	79.7	31.9	60.0	59.9	66.9
M_2	88.5	18.4	61.9	57.6	72.4
F	**95.5**	**11.8**	**87.2**	**79.8**	**87.7**

表 3.3 视频序列 27 上的检测结果 (单位:%)

特征	FAUC	EER
M_1	95.7	10.1
M_2	90.2	18.3
F	**99.2**	**4.34**

表 3.4 视频序列 29 上的检测结果 (单位:%)

特征	FAUC	EER
M_1	78.7	31.2
M_2	79.9	24.8
F	**86.8**	**20.9**

由以上对各测试序列单独的测试结果可以看出,融合了高阶运动特征后,检测结果有了明显提高,进一步验证了高阶运动特征的有效性。

为了进一步证明提出的基于高阶运动特征的异常事件检测算法的有效性,将在UCSD数据集上的检测结果与目前典型方法进行对比。对于Ped1和Ped2数据集,分别采用最优参数进行检测。对比方法分别为SF[9]、MPPCA[10]、SF-MPPCA[8]、MDT[8]、Adam[11]、MHOF+Sparse1[1]、MHOF+Sparse2[12]、MHOF-CP[13]和MHOF+DSparse[2]。这些对比方法的结果数据均来自相关文献提供的结果。表3.5提供了各方法在 Ped1 数据集上的对比结果，其中将本章提出的基于高阶运动特征的异常事件检测算法记为 HO，下同。

表 3.5　UCSD Ped1 数据集上的对比结果　(单位：%)

对比方法	EER	RD	PAUC
SF	31	21	17.9
MPPCA	40	18	20.5
SF-MPPCA	32	18	21.3
MDT	25	45	44.1
Adam	38	24	13.3
MHOF＋Sparse1	**19**	46	46.1
MHOF＋Sparse2	20	46	48.7
MHOF-CP	23	47	47.1
MHOF＋DSparse	22	53	—
HO	23.6	**57**	**56.1**

由表 3.5 可以看出，对于 UCSD Ped1 数据集，本章提出的基于高阶运动特征的异常事件检测算法 HO 在 RD 和 PAUC 这两个指标上大大优于其他对比方法。其中，在 RD 上，HO 高于次优方法 MHOF＋DSparse 4 个百分点，在 PAUC 上，HO 也高于次优方法 7.4 个百分点。在 EER 指标上，HO 仅次于 MHOF＋Sparse 1 4.6 个百分点，并与 MHOF-CP 近似持平，而远远优于其他对比方法。表 3.5 充分说明了基于高阶运动特征的异常事件检测算法在 UCSD Ped1 数据集上的优越性能。

表 3.6 中显示的是各方法在 UCSD Ped2 数据集上的对比结果。

表 3.6　UCSD Ped2 数据集上的对比结果　(单位：%)

对比方法	EER	PAUC
SF	42	62.3
MPPCA	30	77.4
SF-MPPCA	36	71.0
MDT	25	84
Adam	42	63.4
MHOF＋Sparse1	25	86.1
MHOF-CP	24.8	86.8
MHOF＋DSparse	20	—
HO	**16.3**	**90.8**

在表 3.6 中，本章提出方法的优越性体现得依然明显。例如，在 EER 上，HO 达到了 16.3%，远低于次优方法 MHOF+DSparse 的 20%。在 PAUC 上，HO 达到了 90.8%，较次优方法 MHOF-CP 提高了 4 个百分点。综合以上对比结果可以看出，基于高阶的异常事件检测算法在局部异常检测上具有优越的检测性能。

图 3.11 和图 3.12 分别给出了基于高阶的异常事件检测算法在 UCSD Ped1 和 UCSD Ped2 数据集上部分视频帧的检测结果。其中，所用的异常阈值为等错误率点处所对应的阈值。

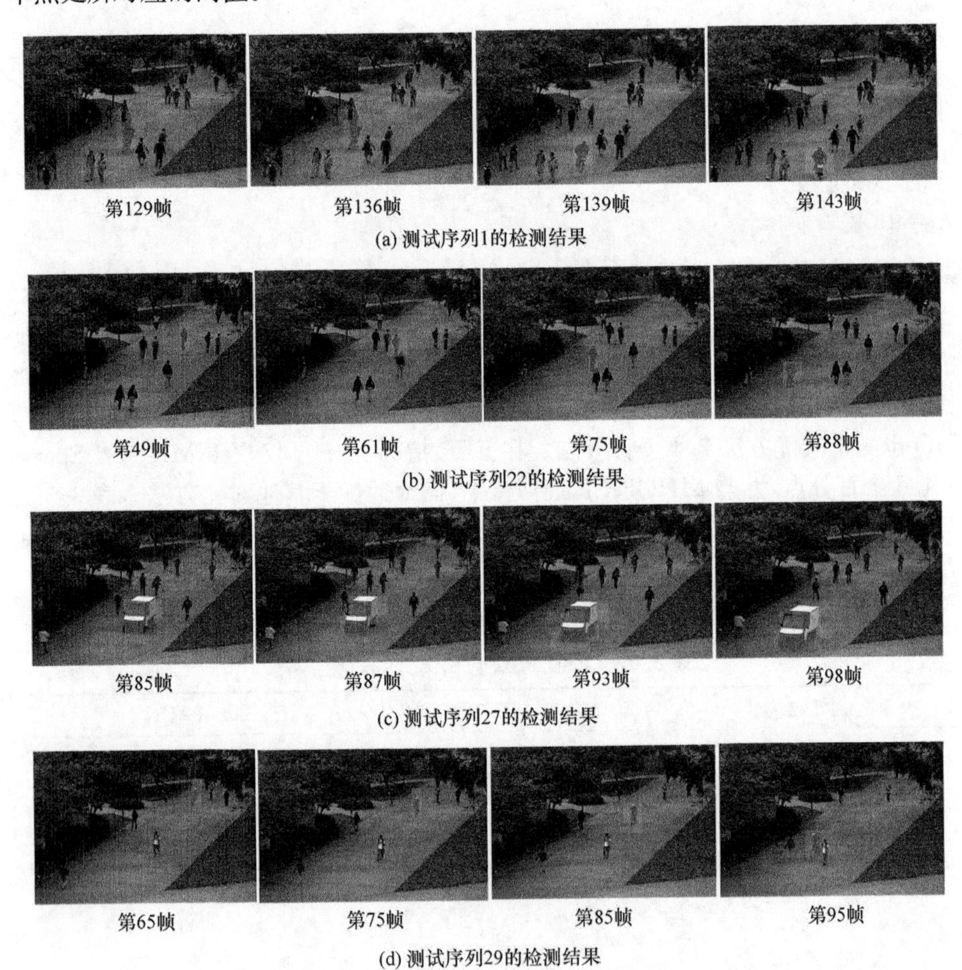

图 3.11　UCSD Ped1 数据集上的部分检测结果

由图 3.11 和图 3.12 可以看出，基于高阶运动特征的异常事件检测算法能够检测出自行车、滑板、汽车等异常事件。

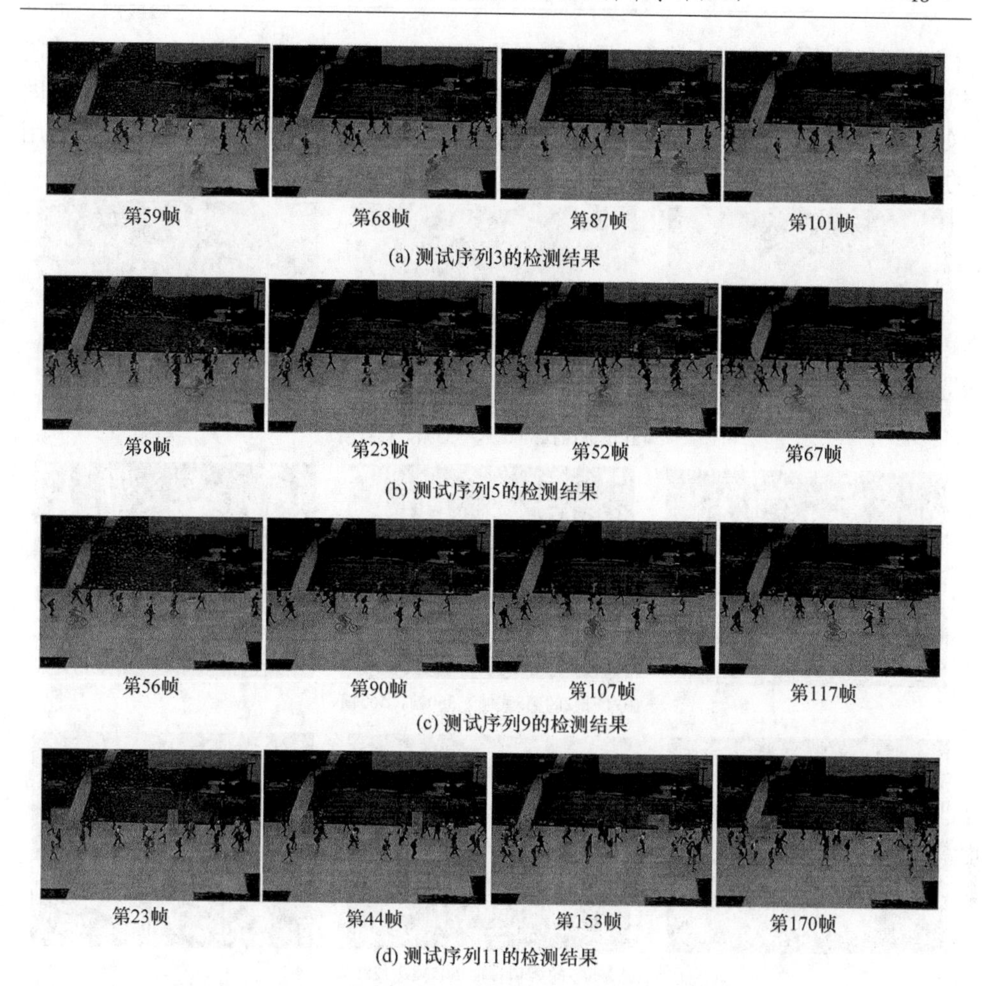

图 3.12　UCSD Ped2 数据集上的部分检测结果

3.4.3　全局异常事件检测实验结果与分析

对于全局异常事件检测，按照图 3.4 中的空间基结构对基本单元进行特征描述，即将一帧图像分成 4×5＝20 个块，然后提取每一块的一阶和高阶运动特征，并将提取的特征拼接在一起构成维度为 320 的特征向量来表示该帧图像。

1. 数据集简介

UMN 数据集由美国明尼苏达大学(University of Minnesota)创建。该数据集共包含 11 个不同的情景，其中包含若干逃跑事件。在 3 个不同的室内和室外场景拍摄的视频，场景 1、场景 2、场景 3 分别有 1450 帧、4145 帧、2145 帧，共有 7740 帧，每帧的分辨率为 240×320。该数据集中的场景多为拥挤场景，正常事件为行人在操场、大厅或广场中徘徊，异常事件为所有人在同一时刻跑开。每个视频片段以正常事件开始，以异常事件结束。图 3.13 显示了这些场景中的一些示例帧图像。表 3.7 给出不同场景中异常事件统计结果。对于全局异常事件检测，所使用的评价指标为帧级 AUC。

(a) 场景1的第400帧、555帧、1331帧

(b) 场景2的第300帧、360帧、565帧

(c) 场景3的第400帧、605帧、1288帧

图 3.13 UMN 数据集中的图像示例

表 3.7 不同场景异常事件统计结果

场景	异常次数	起始帧	结束帧	总数
场景 1	第一次异常	500	615	116
	第二次异常	1300	1440	141
场景 2	第一次异常	310	500	191
	第二次异常	1125	1225	101
	第三次异常	1735	1890	156
	第四次异常	2460	2556	97
	第五次异常	3321	3476	156
	第六次异常	3950	4080	131

续表

场景	异常次数	起始帧	结束帧	总数
场景 3	第一次异常	550	639	90
	第二次异常	1239	1317	79
	第三次异常	2058	2145	88

2. 参数分析

在全局异常事件检测中，需要确定的参数为特征融合权重 w。这里与局部异常事件检测做法相似，w 从 0 到 1 以 0.1 为步长进行搜索，即 $w\in\{0,0.1,\cdots,1\}$。参数 w 对实验结果的影响如图 3.14 所示。其中，$w=0$ 表示单独使用高阶运动特征，$w=1$ 表示单独使用一阶运动特征。

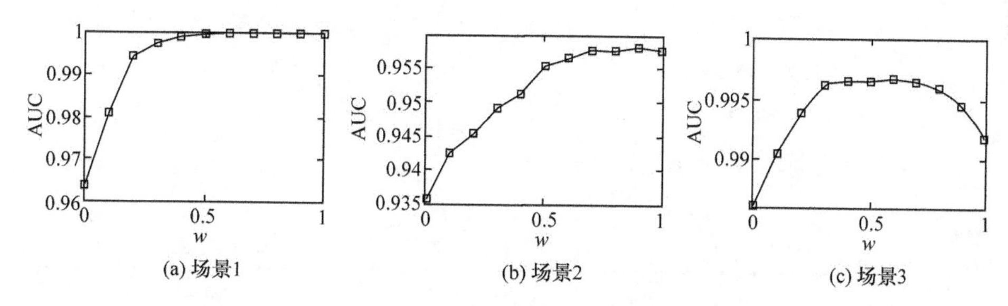

图 3.14　全局异常事件检测中参数 w 对实验结果的影响

由图 3.14 可以看出，虽然单独使用高阶运动特征 M_2 的效果并不理想，但使用融合了高阶运动特征的特征 F 得到的检测结果优于单独使用一阶运动特征 M_1 或高阶运动特征 M_2 的结果。对于场景 1，在 $w=0.7$ 时 AUC 达到最高，为 99.98%，该结果稍高于单独使用一阶运动特征 M_1 时的结果 99.95%。对于场景 2，在 $w=0.9$ 时 AUC 达到最高，为 95.81%，该结果也高于单独使用一阶运动特征 M_1 时的结果 95.76%。在场景 3 中，融合后特征 F 的优势则比较明显，在 $w=0.6$ 时AUC 达到最高，为 99.67%。表 3.8 总结了各场景的最优融合权重及相应的 AUC。

表 3.8　各场景下的最优融合权重 w 及相应的 AUC

场景	最优融合权重 w	AUC/%
场景 1	0.7	99.98
场景 2	0.9	95.81
场景 3	0.6	99.67

3. 实验结果与分析

利用得到的最优权重，在三个视频场景中分别进行异常事件检测，并将平均检测结果与目前典型的方法进行对比，对比方法为 SF[9]、OF[9]、CI[14]、MHOF＋Sparse1[1]、MHOF＋Sparse2[12]、LNND[15]、MHOF＋DSparse[2] 和 TSDWS[16]。对比结果如表 3.9 所示。

表 3.9　UMN 数据集上各方法的对比结果

方法	AUC/%
SF	96
OF	84
CI	**99**
MHOF＋Sparse1	97.8
MHOF＋Sparse2	98.02
LNND	98.6
MHOF＋DSparse	97
TSDWS	97
HO	98.47

由表 3.9 可以看出，基于高阶运动特征的异常事件检测算法 AUC 值为 98.47%，达到了令人满意的检测结果。

图 3.15 给出了在各个场景上的检测结果示意图，其中所用的异常阈值为等错误率点处所对应的阈值。

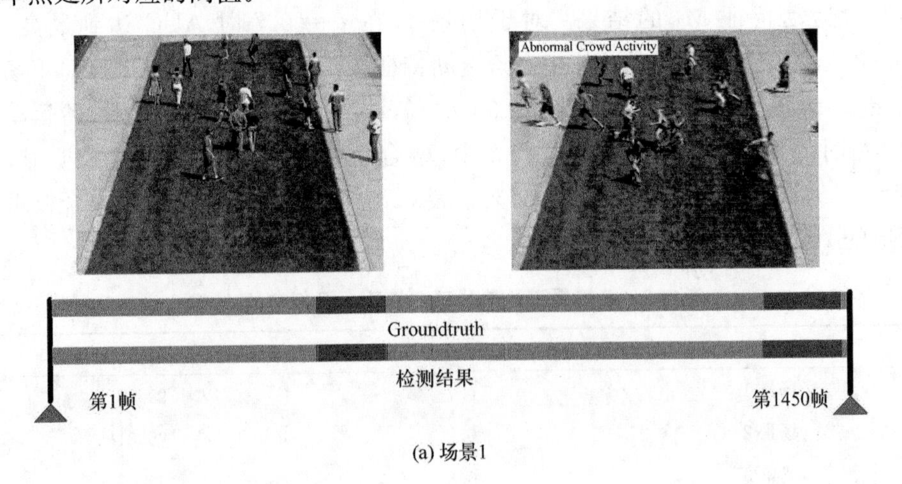

(a) 场景1

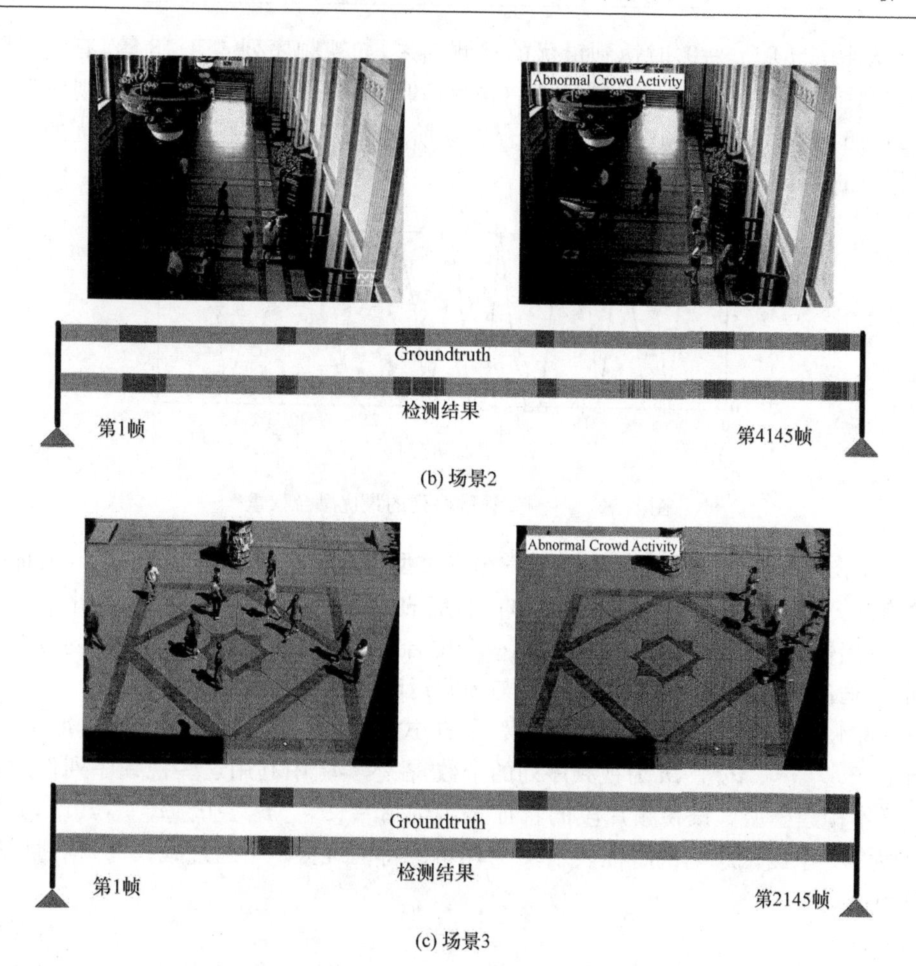

(b) 场景2

(c) 场景3

图 3.15　在 UMN 数据集各场景上的检测结果

由以上实验结果可以看出，融合了高阶运动特征的异常事件检测算法在全局异常事件检测中达到了良好的检测效果。

3.4.4　基于视频内容的特征融合方法

在 3.4.2 节的局部异常事件检测中，进行了对各测试视频序列单独寻找最优融合权重的实验。实验结果显示，测试序列 22、27 和 29 分别在 $w=0.6$、$w=0.2$ 和 $w=0.7$ 时达到了最优的检测结果。这也阐明了另外一个事实，即不同的异常事件类型应该采用不同的适合于该视频的融合方案，而不应该如 3.4.2 节中那样所有事件类型都采用相同的融合权重。图 3.16 对此作出了进一步的证明。在图 3.16 中，显示了各个视频序列在取得最高帧级 AUC 时的 w 值。可以看出，不同视频序列的最优融合权重不尽相同且存在较大差异。有些视频序列在只使用高

阶运动特征 M_2($w=0$)时达到最优的检测结果，如视频序列 4、9、13 等，有些视频序列则在单独使用一阶运动特征 M_1($w=1$)时达到最优的检测结果，如视频序列 2、11、16 等，而有些视频序列则在结合了一阶与高阶运动特征时达到最优的检测结果，如视频序列 1、5、6 等。

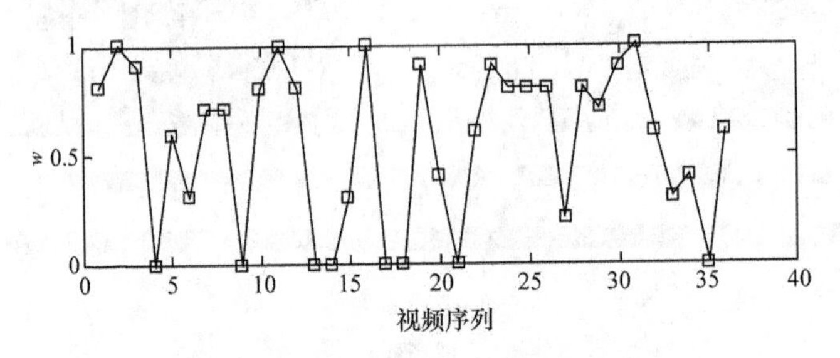

图 3.16　各测试视频序列的最优融合权重

由图 3.16 可以看出，不同的异常事件类型应该具有适合其内容的不同特征融合方式。对所有测试序列使用相同的、固定的融合方式是不合理的。因此在本节中，提出使用机器学习的方式学习到一个融合模型，该模型能够根据视频内容的不同，自适应地确定一阶运动特征 M_1 与高阶运动特征 M_2 的融合方式。

3.4.2 节中可通过遍历搜索的方式确定各测试序列的权重 $W=[w_1 \quad w_2 \quad \cdots \quad w_n]^{\mathrm{T}}$，$n$ 为视频序列的个数，在本实验中利用这些视频序列作为训练样本构建模型。设视频片段的特征表示为 $X=[x_1 \quad x_2 \quad \cdots \quad x_n]^{\mathrm{T}}$，其中，$x_i \in \mathrm{R}^l$ 为第 i 个测试序列的特征表示，l 为样本的特征维数。可通过式(3.6)构建回归模型：

$$XA=W \tag{3.6}$$

式中，A 为回归系数。

在此通过最小二乘法计算回归系数。记求得的回归系数向量为 $\hat{A}$，对于新的测试视频序列，首先对其进行特征提取，记得到的特征向量为 x_{test}，可通过式(3.7)确定该测试视频序列的权重 w_{test}，即

$$w_{\text{test}}=x_{\text{test}}\hat{A} \tag{3.7}$$

为了测试根据视频内容的自适应特征融合方法的性能，使用留一法对该模型进行测试。即每次测试时，选择一个视频序列作为测试样本，而其余视频序列作为训练样本，共进行 36 次实验。记所有序列使用相同融合权重 $w=0.5$ 的融合方案为融合方案一，利用通过回归模型预测的权重进行自适应特征融合的方案为融合方案二。单独使用一阶运动特征 M_1、高阶运动特征 M_2 及融合方案一和融合方案二的检测结果如表 3.10 所示。从表中可以看出，融合方案二自适应地确定每个测试序列的融合权重，检测结果优于单独使用一阶运动特征和单独使用高阶运动特征的结果，并与融合方案一结果大致持平。

表 3.10 自适应特征融合的检测结果

特征	FAUC/%	EER/%	PAUC/%	RD/%	M/%
M_1	77.9	29.1	52.3	52.1	63.3
M_2	73.0	33.9	34.3	37.4	52.7
F(融合方案一)	80.0	**25.9**	**56.2**	**58.4**	**67.2**
F(融合方案二)	**80.3**	25.7	55.5	56.8	66.7

由表 3.10 可以看出,虽然利用模型预测得到的融合方式取得了一定效果,其各项评价指标均优于原始 MHOF 特征,但相比于融合方案一,结果并没有明显提高。原因主要在于在训练回归模型时存在严重的样本量不足问题,即只使用 35 个样本来构建回归模型,而样本的特征维度却远远高于样本数量。但是在实际应用中,随着时间的推移,所获取的视频数据数量会与日俱增,可用于训练模型的样本数也会越来越多。因此,训练出一个稳定有效的模型是能够实现的。

3.5 本章小结

注意到视频中的异常通常体现在运动上,如突然变化的速度大小或突然改变的运动方向,都是异常的体现。因此,提出使用刻画运动变化的高阶运动特征来对运动进行描述。为了使算法适合更多的视频场景,融合了描述运动快慢及运动方向的一阶运动特征。为了避免跟踪算法带来的局限性,该方法借助相邻两帧光流场实现运动目标的短时跟踪,进而获得一阶和高阶运动特征。本章提出方法能够处理复杂场景,不受目标粘连及拥挤人群的影响,在局部和全局异常事件检测上都达到了比较理想的检测效果。

参考文献

[1] Cong Y, Yuan J S, Liu J. Sparse reconstruction cost for abnormal event detection[C]//IEEE Conference on Computer Vision and Pattern Recognition, 2011: 3449-3456.

[2] Liu P, Tao Y, Zhao W, et al. Abnormal crowd motion detection using double sparse representation[J]. Neurocomputing, 2017, 269(20): 3-12.

[3] Fang Z J, Fei F C, Fang Y M, et al. Abnormal event detection in crowded scenes based on deep learning[J]. Multimedia Tools & Applications, 2016, 75(22): 1-23.

[4] Bodesheim P, Freytag A, Rodner E, et al. Kernel null space methods for novelty detection [C]//IEEE Conference on Computer Vision and Pattern Recognition, 2013: 3374-3381.

[5] Liu C. Beyond pixels: Exploring new representations and applications for motion analysis [D]. Cambridge: Massachusetts Institute of Technology, 2009.

[6] Lucas B D, Kanade T. An iterative image registration technique with an application to stereo

vision[C]//International Joint Conference on Artificial Intelligence,1981,2(81):674-679.

[7] Horn B K,Schunck B G. Determining optical flow[J]. Artificial Intelligence,1981,17(1-3):185-203.

[8] Mahadevan V,Li W X,Bhalodia V,et al. Anomaly detection in crowded scenes[C]//IEEE Conference on Computer Vision and Pattern Recognition,2010:1975-1981.

[9] Mehran R,Oyama A,Shah M. Abnormal crowd behavior detection using social force model [C]//IEEE Conference on Computer Vision and Pattern Recognition,2009:935-942.

[10] Kim J,Grauman K. Observe locally,infer globally:A space-time MRF for detecting abnormal activities with incremental updates[C]//IEEE Conference on Computer Vision and Pattern Recognition,2009:2921-2928.

[11] Adam A,Rivlin E,Shimshoni I,et al. Robust real-time unusual event detection using multiple fixed-location monitors[J]. IEEE Transactions on Pattern Analysis and Machine Intelligence,2008,30(3):555-560.

[12] Cong Y,Yuan J S,Liu J. Abnormal event detection in crowded scenes using sparse representation[J]. Pattern Recognition,2013,46(7):1851-1864.

[13] Cong Y,Yuan J S,Tang Y D. Video anomaly search in crowded scenes via spatio-temporal motion context[J]. IEEE Transactions on Information Forensics and Security,2013,8(10):1590-1599.

[14] Wu S,Moore B E,Shah M. Chaotic invariants of lagrangian particle trajectories for anomaly detection in crowded scenes[C]//IEEE Conference on Computer Vision and Pattern Recognition,2010:2054-2060.

[15] Hu X,Hu S Q,Zhang X Y,et al. Anomaly detection based on local nearest neighbor distance descriptor in crowded scenes[J]. The Scientific World Journal,2014,2014(6):632575.

[16] Yu Y P,Shen W,Huang H,et al. Abnormal event detection in crowded scenes using two sparse dictionaries with saliency[J]. Journal of Electronic Imaging,2017,26(3):033013.

第 4 章　基于显著性的视频异常事件检测

4.1 引　　言

视频数据最大的特点之一就是具有很强的时间和空间连续性，这就导致视频数据维度高、冗余信息多、数据内部具有较高的相关性。而随着电子技术的飞速发展，所获取的图像和视频的分辨率也越来越高，这也导致待处理的视频数据的数据量更加庞大。面对如此高维的数据，一视同仁地进行处理不但会造成资源的浪费，有时也是一项不可能完成的任务。此外，这些冗余信息也会干扰视频处理和分析任务的精度。在视频异常事件检测中，往往会由于一些不相关区域的参与而造成误检。因此，从如此海量的视频数据中剔除冗余信息而筛选出有用信息以进行进一步的加工和处理，是信息处理中的关键环节，而显著性检测是这一环节的有力工具。

4.2 显著性检测简介

4.2.1 显著性检测的研究意义

人类在感知外界环境时主要通过五觉——视觉、听觉、嗅觉、味觉和触觉，而其中的视觉无疑是超越其他的最重要的一觉。据统计，人类所感知的外界信息中有80%来自视觉[1]。在一次扫视中，人眼即可获取高达数兆比特的信息，而当持续观看时，所输入的数据率会高达 10Mbit/s[2]。然而，这些信息中的绝大部分是冗余的，并由视觉皮层的各层进行筛选，以使大脑的处理中心只需解释这些数据的一小部分。在人眼构造中，视网膜由高分辨率的中央凹和低分辨率的外围组成，这种生理构造促成视觉系统的选择性注意机制。这种选择机制是人类视觉系统能够快速处理视觉信息的基础。因此，如何模拟人类视觉的选择机制是计算机视觉领域的关键性研究课题。

显著性检测试图模拟人类的视觉系统，找到图像或视频中人眼感兴趣的区域。显著性检测由于在目标跟踪[3]、图像检索[4]、行为识别[5,6]及其他计算机视觉领域[7-10]都具有广泛应用，受到越来越多学者的关注。

4.2.2 显著性检测的研究现状

在过去的几十年中,涌现出了众多用于静态图像的显著性检测方法。根据所使用的计算方法的不同,可将这些方法大致分为五类:局部对比度方法、全局稀有性方法、基于机器学习的方法、谱方法及信息论方法。

作为局部对比度方法的先驱,Itti 等[11]利用多尺度图像特征的中央-邻域差分对自底向上的视觉显著性检测进行建模。该模型是后来的局部对比度方法的基础及对比基准。此后,基于中央-邻域差分的显著性检测方法大量涌现。Qian 等[12]认为稀疏编码长度和残差两者的结合才能更好地代表与其邻域的对比度。受"视网膜内的接受野在位置和尺度空间中随机操作"的观点激发,Vikram 等[13]提出将图像采样为矩形区域并计算各区域内的局部对比度值。这些局部对比度方法与人眼运动高度关联,但仍然存在某些不足。通常,这些方法会在目标的边界附近产生极高的显著度值,而不能整体均匀地突出显著目标[13]。

全局稀有性方法也可称为全局对比度方法,利用整个图像而并不仅是其局部邻域来计算每个图像像素或块的显著度值。在文献[14]中,通过累加一个区域与图像中其他所有区域的对比度来获得区域级显著度,其中,其他所有区域的权重根据其空间距离设定。Li 等[15]将显著度建模分为两部分,分别为平均-峰值比和基于色度的显著度。在每个部分,各像素的显著度值通过该像素与其他所有像素的差值获得。融合这两个显著度图得到最终的显著度图。Yan 等[16]提出一种层次显著性检测方法,在该方法中,各区域的区域级显著度值利用该尺度下的其他区域计算。采用基于树结构图模型的层次推导策略融合多层的显著度图。在文献[17]中,每一个图像块的独特性定义为该图像块相比于其他图像块的稀有性。基于"空间紧致的区域应该更显著"的观点,考虑了图像块的分布情况。Yan 等[18]将图像显著度解释为低秩矩阵上的稀疏噪声,其中,非显著区域可解释为低秩矩阵,显著区域由稀疏噪声表示。在低秩和稀疏矩阵分解之前,他们通过过完备基底稀疏编码每个图像块。然而 Shen 等[19]指出,稀疏编码可能并不是一个好的特征变换,因为它不能够保证背景矩阵是低秩的。因此,他们学习一个特征变换以确保表示背景的矩阵在学习到的特征空间中是低秩的。文献[20]和[21]使用层次计算模型在多个尺度下分析显著线索。尽管这些全局稀有性方法具有较好的性能,但是在大目标和小背景的情况中,它们在一致突出整个目标上也具有一定难度。

近年来,基于机器学习的显著性检测方法流行起来。为了更好地模拟人类的感知能力,为将高级视觉概念引入显著性检测任务中,研究学者考虑使用 CNN。对于许多计算机视觉任务,CNN 都表现出了卓越的性能[22]。在显著目标检测任务中,CNN 也由于其卓越的性能得到了广泛应用。Li 等[23]提出利用深度特征并结合多尺度图像分割技术,为不同尺度下的图像单元进行显著性预测。其同时提出端对端深度对比度网络，并考虑了像素级和图像分割级的显著性预测[24]。Liu 等[25]采用从粗糙到精细的方式来解决显著性检测问题。首先通过 CNN 产生原始显著度图，然后结合全局和局部信息逐步改进图像的细节。Kuen 等[26]也是采用相似的策略，但他们通过循环神经网络来改进细节信息，对不同大小的目标具有较好的处理能力。

相对于在空域处理图像的方法，谱方法在图像的频域计算显著度。Hou 等[27]通过分析各图像与大量图像的平均频谱之间的谱残差测量独特性和新颖性。变换到空域的频谱残差就被看作显著度。Achanta 等[28]提出一种频率调制的方法来检测显著区域。他们直接利用图像特征与平均图像特征的差值来定义像素的显著度值。谱方法简单且易于实现，但是这些方法的生物拟真性并不明显。

最著名的基于信息论的显著性检测模型是基于信息最大化的视觉注意力(attention based on information maximization，AIM)模型[29]，其基于最大信息采样定义自底向上的显著度。在该模型中，所述的信息通过香农自信息 $I(X)=-\log p(X)$定义，其中，X 是在图像中的一点观察到的视觉特征向量。特征的分布通过对该点的邻域进行非参的密度估计获得。文献[30]也使用自信息来推导自底向上的显著度图，不同于只考虑当前待处理图像的方法，该方法通过高斯差分和独立成分分析算法从大量的自然场景图像中获取统计特征。

基于视频的显著性检测算法近年来也受到越来越多的关注。这些用于视频的显著性检测算法通常在考虑颜色、纹理、形状等空域特征基础上，又加入了运动信息。Itti 等[31]首先将运动信息引入视觉注意模型中，并通过对图像应用方向掩膜来实现。除了亮度、颜色、方向特征，他们增加了闪变(flicker)和运动通道。在对每一帧执行中央-邻域差分、跨尺度融合及归一化操作之后，形成最终的显著度图。Le Meur 等[32]通过去除相机的自身运动来估计像素点的相对运动。在归一化这种相对运动后得到该像素的时域显著度。在空域显著度图与时域显著度图进行融合时，通过帧间差分估计的空时活动性来确定时域显著度的权重。Zhai 等[33]构建空域与时域显著度图并通过一种动态融合方式来生成最终的空时显著度图。在空域，通过一种基于层次注意力的表示方法来估计显著性。时域显著性通过相邻两帧之间的平面运动确定。在进行空时显著度融合时利用运动对比度来动态地确定融合权重。You 等[34]考虑了空间位置、清晰度、外观概率及运动向量等信息，并根据摄像机是静止还是运动，将这四个因素进行非线性融合。Yubing 等[35]分别对静态显著度和运动显著度进行分析。首先根据前景的颜色、亮度和方向等特征确定静态显著度图；然后利用运动矢量场的统计信息获得运动显著度图；最后根据由近似高斯函数定义的中央-邻域框架对运动显著度图和静态显著度图进行融合。Liu 等[36]提出一种基于信息论的目标显著性检测方法。在该方法中，使用自信息理论来反映某一特定区域的显著性。根据自信息的定义，显著度与观察到某一事件的概率成反比。在计算时域显著度时,快速移动的运动目标将被分配更高的显著性。最终的显著度图通过融合空域与时域显著度图获得。

通过总结大量文献可以发现,基于视频的显著性检测方法通常分别计算空域显著度图和时域显著度图,并通过对两者的融合得到最终的空时显著度图。这种基于视频的显著性检测模型可总结为

$$S=F(S_s,S_t) \tag{4.1}$$

式中,S_s 和 S_t 分别表示空域和时域显著度图;S 表示最终的空时显著度图;F 为融合函数。融合的方式可以是线性的也可以是非线性的。接下来,本章首先介绍提出的两种空域显著性计算方法,然后将其与基于运动场的时域显著度图按照式(4.1)进行融合,获得最终的空时显著度图,最后基于该空时显著度图进行视频异常事件检测。

4.3 空域显著性检测

4.3.1 基于 ERC-SLPP 的空域显著性检测

在大多数现有的图像显著性检测方法中,通常需要调节很多参数,或者需要遵循各种假设或观察。这些参数的选择通常只适用于某种特定场景,并且所述假设也通常无法适用所有情况。最近,随着可用的人类标记数据的增多,基于机器学习的显著性检测方法变得流行起来。这些方法旨在挖掘人类数据并从这些数据中学习到在一个场景中人们对哪些事物更感兴趣。本章提出一种新颖的图像显著性检测方法。该方法包含两部分。第一部分是基于扩展区域对比度(extended region contrast,ERC)的显著性检测方法。该方法所基于的假设为:一个区域的显著性取决于该区域相对于邻近区域的对比度。根据"大部分边界是背景"的边界先验[37],本章提出使用图像边界扩展技术提高基于区域对比度方法的性能。该方法可作为一个通用框架适用于所有基于全局稀有性的方法以提高此类方法的性能。然而,具有稀有颜色的背景区域也会被误判为显著区域。因此,本章提出利用现有的显著性检测数据库学习一个显著模型,通过该模型检测到的显著度图与通过扩展区域对比度得到的显著度图融合以实现互补。在该方法中,所使用的特征为底层视觉特征。由于这些特征维数较高,且可能包含大量可降低算法性能的冗余及噪声,因此从原始的高维特征中提取最有用的低维特征将是很有必要的。这里引入了有监督的特征提取方法——SLPP 方法[38]和有监督的分类方法——SVM 实现数据的维数约简及类标签的预测。最后,基于 ERC 的显著度图与基于机器学习的显著度图进行融合(简称为 ERC-SLPP)以达到互补的目的。

ERC-SLPP 方法的第一个贡献是将图像边界扩展技术引入显著性检测中。众所周知，图像边界扩展是图像处理中的一个基本操作。考虑显著目标的稀有性及背景先验，边界扩展操作可增加显著目标的稀有度，进而更加突出显著目标的显著性。尽管这是对图像的一种简单操作，但该操作能够显著地提高一些显著性检测方法的性能。ERC-SLPP 方法的第二个贡献是将有监督的维数约简技术引入显著性检测问题中，对高维的生物拟真特征进行维数约简。然而，基于 ERC 和基于学习的方法都具有各自的局限性，将两者结合可达到相互补充和修正的作用，这是本章提出的 ERC-SLPP 方法的第三个贡献。

本章提出的 ERC-SLPP 方法的流程图如图 4.1 所示。在训练阶段，从训练图像中学习到变换矩阵 W_{SLPP}，如图 4.1(a)所示。显著性检测阶段由两部分组成，如图 4.1(b)所示，其中一部分为基于 ERC 的显著性检测，另一部分为基于学习的显著性检测。在获得这两个显著度图之后应用融合操作，获得最终的显著度图。

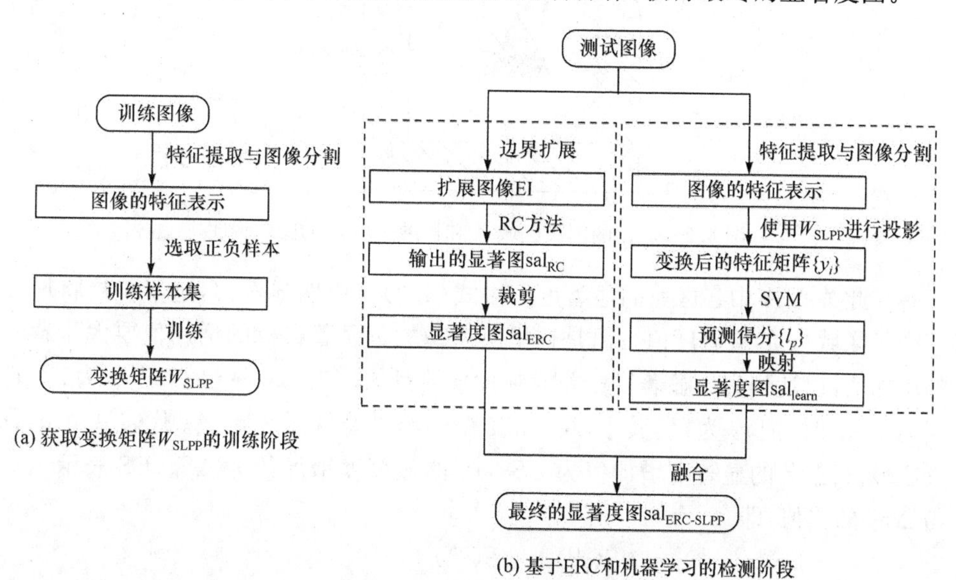

图 4.1 ERC-SLPP 方法流程图

1. 基于 ERC 的显著性检测

在原始的区域对比度方法中，通过测量区域 r_k 相对于该图像内其他区域的颜色对比度来计算该区域的显著度值，即

$$S(r_k) = \sum_{r_i \neq r_k} \exp\left(\frac{-D_s(r_k, r_i)}{\sigma_s^2}\right) w(r_i) D_r(r_k, r_i) \tag{4.2}$$

式中，$D_s(r_k, r_i)$为区域 r_k 和 r_i 之间的空间距离；$w(r_i)$为区域 r_i 的权重；$D_r(\cdot, \cdot)$

为两个区域之间的颜色距离矩阵；σ_s 控制空间权重的强度。在此，区域 r_i 中的像素个数作为权重 $w(r_i)$ 来强调较大区域的颜色对比度。在本章中，考虑"大多数图像边界是背景"的先验[37]，将图像沿其四个边界扩充到一定程度，以达到突出显著区域并抑制背景的目的。由于大部分边界是背景，边界扩展将降低显著区域在整个图像中所占的比例。这将导致在区域对比度方法和其他基于全局稀有性的方法中随着显著区域的显著度增加，背景的显著度降低。

考虑式(4.2)，其中 $\exp(-D_s(r_k,r_i)/\sigma_s^2)$ 意味着远离当前区域 r_k 的区域具有很小的影响，反之亦然。为了方便讨论边界扩展的作用，首先假设 $\sigma_s \to \infty$，即所有区域将产生相同的空间距离权重，该方法成为完全全局的方法。将原始的图像区域记为 A，扩展区域记为 E，如图 4.2 所示。

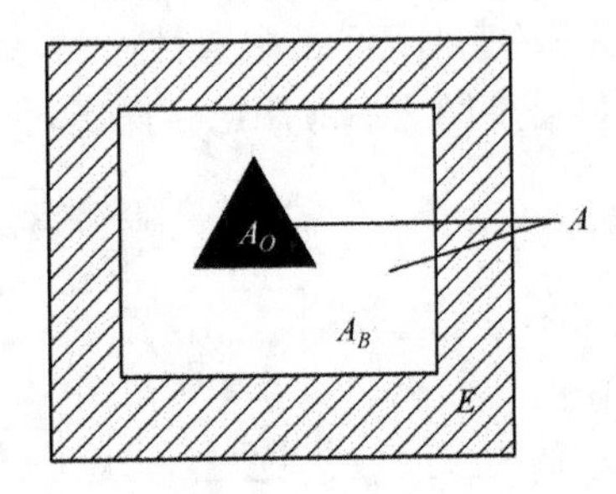

图 4.2　原始的图像区域 A 和扩展区域 E 的图示说明

在此关心 A 中各区域的显著度。由式(4.2)可以明显看出，边界扩展将增加 A 中各区域 r_k 的显著度值。但是这里所期望的是显著目标的增加值要大于背景的增加值，以达到突出显著目标并抑制背景的目的。当 $r_k \in A_O$ 时，记 r_k 为 r^O，且当 $r_k \in A_B$ 时，记 r_k 为 r^B，其中，A_O 代表 A 中的显著目标区域，A_B 代表 A 中的背景区域。记 r^O 的显著度增加值为 ΔS_O，r^B 的显著度增加值为 ΔS_B，DS 表示 ΔS_O 与 ΔS_B 的差值，即

$$\begin{aligned}\mathrm{DS}(r^O,r^B) &= \Delta S(r^O) - \Delta S(r^B) \\ &= \sum_{r_i \in E} \exp(-D_s(r^O,r_i)/\sigma_s^2) w(r_i) D_r(r^O,r_i) \\ &\quad - \sum_{r_i \in E} \exp(-D_s(r^B,r_i)/\sigma_s^2) w(r_i) D_r(r^B,r_i)\end{aligned} \tag{4.3}$$

考虑到 $\sigma_s \to \infty$，式(4.3)可化简为

$$\mathrm{DS}(r^O,r^B) = w(r_i) \sum_{r_i \in E} (D_r(r^O,r_i) - D_r(r^B,r_i)) \tag{4.4}$$

根据边界先验[37]，扩展区域 E 中的大部分区域 r_i 为背景。又根据"背景区域通常具有一致性"的连通先验[37]，r^B 和 r_i 之间的颜色距离 $D_r(r^B,r_i)$ 将以较大概率小于 r^O 和 r_i 之间的距离 $D_r(r^O,r_i)$，即将以较大概率满足 $\mathrm{DS}(r^O,r^B)>0$。也就是

说，在大多数情况下，通过图像边界扩展，将会使图像中所有区域的显著性值都有所增加，但是显著区域增加的幅度较大，而背景增加的幅度较小，这就进一步增大了显著区域与背景区域的显著度差异，从而更加突出显著目标。

实际上，在区域对比度方法中，σ_s^2 设置为 0.4，以控制空间权重的强度，使其并不是一个完全的全局对比度方法。因此，边界扩展虽对于区域对比度方法的性能有所提高，但并不十分明显。作为一种图像预处理操作，可将其应用于其他基于全局稀有性或全局对比度的方法中以提高这类方法的性能，这将在 4.3.3 节通过实验进一步证明。

这里通过复制四个边界上的像素并以对称方式将它们拼接到四个边界上实现边界扩展，如图 4.3 所示。

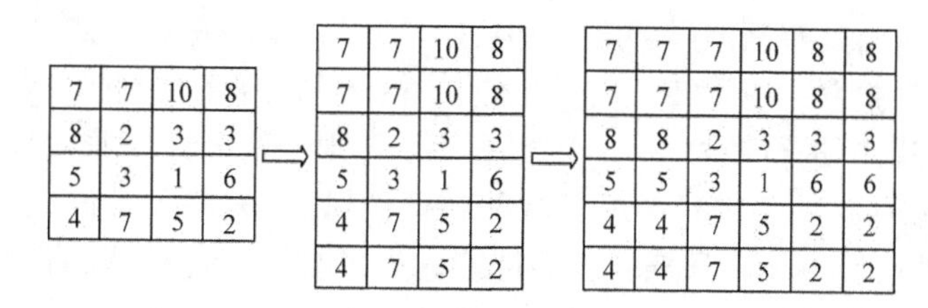

图 4.3　边界扩展的示例说明

接下来，将区域对比度方法应用于扩展后的图像 EI，将输出的显著度图进行裁剪并归一化以获取原有像素位置的显著度值。上述裁剪操作为

$$\mathrm{sal}_{\mathrm{ERC}}(i,j)=\mathrm{sal}_{\mathrm{RC}}(i+p_1,j+p_2),\quad i=1,2,\cdots,w;j=1,2,\cdots,h \tag{4.5}$$

式中，w、h 分别为输入图像 I 的高度和宽度；p_1 和 p_2 分别为在水平方向和垂直方向上对 I 扩充的像素个数；$\mathrm{sal}_{\mathrm{ERC}}(i,j)$ 为图像 I 中点 (i,j) 的显著度值；$\mathrm{sal}_{\mathrm{RC}}(i+p_1,j+p_2)$ 为图像 EI 中点 $(i+p_1,j+p_2)$ 的显著度值。$\mathrm{sal}_{\mathrm{ERC}}$ 的大小与原始图像相同。图 4.4 显示了 ERC 方法的示例。可以看出，相比于区域对比度方法，边界扩展能够使显著目标更加突出，而背景得到了有效抑制。

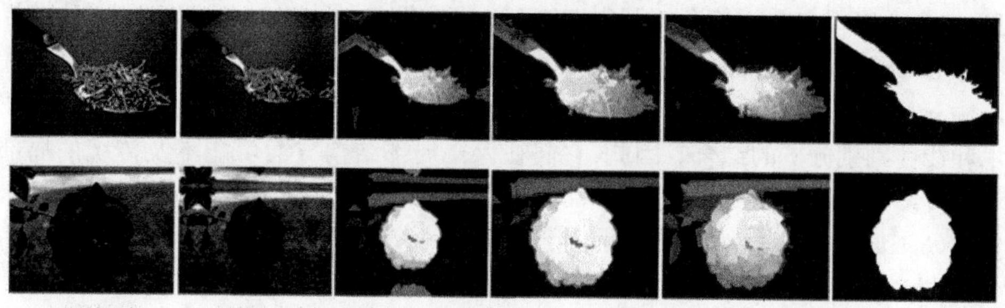

(a) 原始图像　(b) 边界扩展后图像　(c) 区域对比度方法对(b)的检测结果　(d) ERC方法的检测结果　(e) 区域对比度方法的检测结果　(f) Groundtruth

图 4.4　ERC 方法示例

然而，在某些特殊情况下，边界扩展并不能提高区域对比度方法的性能。首先，ERC 方法的基本假设是背景区域之间的差异小于显著目标与背景之间的差异。但在一些特殊情况下该假设可能不成立，如复杂的背景或目标与背景之间具有相似的外观。其次，在四个边界中大部分由显著目标占据的情况下，边界扩展也会失效。幸运的是，在自然场景图像中这种情况是十分罕见的。

2. 基于机器学习的显著性检测

区域对比度方法和 ERC 方法均基于这样一种先验或假设：若一个区域相对于其邻域有更高的对比度，则它通常会更显著。但该假设并不是在所有情况下都能够成立，如当背景中有丰富的纹理。在此情况下，背景中的区域相对于其邻域也具有高对比度，从而具有高的显著度值，但这与实际是不相符的。此外，对于那些经典的、受生物学激发的视觉特征，它们之间的相互作用是不明确的。一些学者以线性方式将这些特征进行融合[11,24]，还有一些学者则相信应该以非线性方式对其进行整合[25]。然而这些文献只考虑了这些特征的结合，忽略了它们之间的相关性，而这种相关性恰恰可能会降低算法的性能。为了获取更加精准的预测结果，本章中使用有监督的维数约简技术，以从原始特征中提取最有用的低维特征。接下来，利用 SVM 获取显著度图，用以与 ERC 方法获取的显著度图进行结合实现互补。

在过去的几十年中，涌现出了很多维数约简方法。两个经典的方法是主成分分析(principal component analysis，PCA)[39]和线性判别分析(linear discriminant analysis，LDA)[40]。虽然 PCA 和 LDA 被成功地应用于一些高维数据分析问题中，但是这两种方法只考虑了数据的全局欧氏结构，而忽略了数据的局部几何结构。一些研究者已经指出，高维数据可能位于一个非线性的流形上。鉴于此，一些新的基于流形学习的维数约简技术，如局部线性嵌入(locally linear embedding，LLE)[41]、Isomap[42]和拉普拉斯特征映射(Laplacian eigenmap，LE)[43]被提出，以挖掘数据的流形结构。然而，这些方法均是无监督的方法，未考虑数据的类别信息，这会舍弃很多有用信息并弱化性能。为了克服该缺点，一些有监督的方法被提出，如 SLPP[38]、边缘 Fisher 分析(marginal Fisher analysis，MFA)[44]、局部判别嵌入(local discriminant embedding，LDE)[45]等。LDE 和 MFA 可视为局部保持技术和线性判别分析的结合。因此，它们在保持局部结构方面可能不及传统的局部保持投影(locality preserving projection，LPP)[46]。此外，LDE 和 MFA 中的两个参数(k_1 和 k_2)会影响性能，并且同时为它们找到合适的值是困难的[47]。基于上述分析，本章使用 SLPP 算法进行维数约简。

SLPP 力图通过在训练阶段利用样本的类标签信息提高 LPP 的性能。该方法使用原始数据集关于类标签的先验信息来学习特征子空间。考虑位于 n 维图像空间 $X=\{x_1,x_2,\cdots,x_M\}$ 中包含 M 个样本，并假设各图像属于 C 类中的一类。

SLPP 的目标函数定义为

$$\min \sum_{ij} \| y_i - y_j \|^2 s_{ij} \tag{4.6}$$

式中，$y_i \in \mathrm{R}^r$ 为低维特征向量。相似度测量矩阵 S 利用如下公式构建：

$$s_{ij} = \begin{cases} \exp(-\| x_i - x_j \|^2 / t^2), & x_i \in N(x_j) \text{或} x_j \in N(x_i) \text{并且} l(x_i) = l(x_j) \\ 0, & \text{其他} \end{cases} \tag{4.7}$$

式中，$N(x_j)$和 $l(x_i)$分别为 k 个最近邻的集合和样本 x_i 的标签；t 为决定相似度函数的衰变速率的热核参数。在本章中，C 等于 2，即 $l \in \{0,1\}$，分别表示显著目标和非显著目标。

设 $y_i = W_{\mathrm{SLPP}}^{\mathrm{T}} x_i$，通过一系列数学推导[44]，SLPP 的最终目标函数可化简为

$$\begin{aligned} \min \sum_{ij} \| y_i - y_j \|^2 s_{ij} &= 2\mathrm{tr}(W_{\mathrm{SLPP}}^{\mathrm{T}} X(D - S) X^{\mathrm{T}} W_{\mathrm{SLPP}}) \\ &= W_{\mathrm{SLPP}}^{\mathrm{T}} XLX^{\mathrm{T}} W_{\mathrm{SLPP}} \end{aligned} \tag{4.8}$$

式中，D 为对角矩阵，其元素是 S 的行和（由于 S 是对称矩阵，也可以是列和），即 $D_{ii} = \sum_j s_{ij}$；$L = D - S$ 为拉普拉斯矩阵。可通过最小化广义特征值问题求得变换矩阵 W_{SLPP}：

$$XLX^{\mathrm{T}} W_{\mathrm{SLPP}} = XDX^{\mathrm{T}} W_{\mathrm{SLPP}} \tag{4.9}$$

本章中，原始的特征集 X 和标签 l 通过如下方式获得。

（1）多尺度视觉特征提取。对于每个训练图像，首先提取其底层视觉特征集[11]，该底层视觉特征包括两个颜色通道（蓝/黄和红/绿）、一个亮度通道和四个方向通道（0°，45°，90°，135°）。对于每个通道：①利用高斯金字塔技术创建空间尺度为 2～7 的六个原始特征图；②构建六个中央-邻域差分图以获取局部对比度（中央层 $c=\{2,3,4\}$，邻域层 $s=c+\sigma, \sigma=\{2,3\}$）；③通过跨尺度加和及特征类内竞争，为颜色、亮度和方向特征各生成一个特征图（归一化到原始图像大小）。通过执行步骤①～③最终每个像素得到 $7\times6+7\times6+3=87$ 维的特征向量。

（2）图像过分割。在特征提取后，利用均值漂移（mean-shift）聚类算法对图像进行分割。在此通常采用过分割，以确保一个子区域只包含背景或只包含显著目标，而不会出现既包含背景又包含显著目标的情况。图 4.5 显示了过分割的一个示例。将图像分解成 N 个子区域，并将每个区域内所有像素的特征值进行平均，便可获得该图像的矩阵表示$\{f_i\}, i=1,2,\cdots,N$。根据已有的 Groundtruth，每个子区域将会分配一个值为 0～1 的得分，表示该子区域为显著目标的概率。接下来，根据得分的大小，从所有训练图像中选择出正样本和负样本用于训练。相应地，也可得到标签向量。

(a) 原始图像

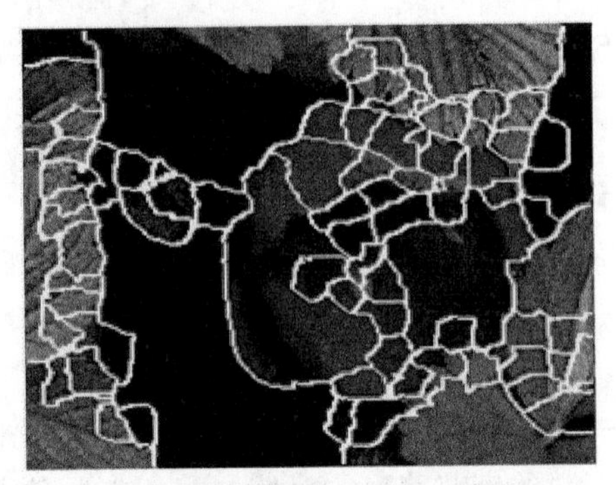
(b) 利用87维特征进行过分割后的结果

图 4.5 过分割示例

将得到的变换矩阵 W_{SLPP} 作用于测试图像的特征矩阵$\{f_i\}$，获得变换后的特征矩阵$\{y_i\}$。接下来使用 SVM 来预测测试图像中每一小区域的显著度值。本章使用 libsvm 工具箱[48]实现分类任务。至此，每个小区域都分配有一个预测标签 $l_p \in [0,1]$。此外，根据"位于图像中心的区域更容易引起人们注意"的先验，引入了位置先验图，通过每个像素与中心的距离对各像素的显著度值进行加权，最终获得基于学习的显著度图 sal_{SLPP}。

算法 4.1 基于学习的显著性检测算法概要

输入：测试图像 I，学习到的投影矩阵 W_{SLPP}，学习到的 SVM 模型

输出：基于学习的显著度图 sal_{SLPP}

(1) 提取图像 I 的多尺度视觉特征；

(2) 基于提取的多尺度视觉特征，通过均值漂移聚类算法分割图像 I；

(3) 计算每个小区域内的平均特征并获取特征表示$\{f_i\}$，$i=1,2,\cdots,N$，N 为分割的图像区域个数；

(4) 通过变换矩阵 W_{SLPP} 将特征表示$\{f_i\}$变换到低维特征表示$\{y_i\}$；

(5) 利用学习到的 SVM 模型为每个小区域分配预测标签$\{l_p\}$；

(6) 加入位置先验；

(7) 获得基于学习的显著度图 sal_{SLPP}。

至此，得到了基于 ERC 的显著度图 sal_{ERC} 和基于机器学习的显著度图 sal_{SLPP}。通过式(4.10)实现两个显著度图的最终融合：

$$sal_{ERC\text{-}SLPP} = sal_{ERC} \otimes sal_{SLPP} \tag{4.10}$$

式中，$\otimes$为矩阵的点乘操作；$sal_{ERC\text{-}SLPP}$ 为最终的显著度图。

4.3.2　基于 IMMR 的空域显著性检测

目前多数方法都是基于“显著区域和非显著区域的外观对比度高”的假设。然而，Wei 等[37]指出仅使用这个假设仍然是高度病态的。因此，他们更多地关注非显著区域而不是显著区域，并提出了称为边界先验和连接先验的两个先验。边界先验来自摄影作品中的一个基本规则：大多数摄影师不会将显著目标放置于视角的边缘处。换言之，图像边界通常是非显著区域。基于边界先验，Yang 等[49]将显著性检测建模为一个流形排序(manifold ranking，MR)问题，并将边界处样本视为非显著查询点。他们将图像表示为一个闭环图，将超像素作为图的节点。根据亲和度矩阵，基于节点与显著和非显著查询点之间的相似度对节点进行排序。各超像素最终的显著度由其排序得分确定。实验结果证明了其有效性。然而，用于构建亲和度矩阵的特征是彩色空间中一个超像素内的所有像素的平均值。也就是说，该方法只利用一种特征使用一个流形进行显著性检测。著名的 Treisman 人类视觉双阶模型[50]曾指出，在人类的前注意(pre-attentive)阶段会生成包括颜色、方向等的一系列特征。换言之，人眼对多种类型的特征是敏感的。因此，构建多个分别使用不同特征的流形将更加符合人类的视觉机制。此外，使用平均值来表示一个图像区域很难适用于更大范围的图像，因为一些细节的但具有判别性的信息可能被忽略。例如，平均值不能很好地表示具有丰富纹理的区域，如图 4.6 所示。由于显著目标和背景颜色相似，显著目标不能够被很好地从背景中区分出来，如图 4.6(b)所示。然而，注意到目标与背景之间纹理上的差异，加入纹理特征将有助于显著目标的检测，如图 4.6(c)所示。因此，利用多视角特征来描述图像单元是更合理的。本章中的“多视角”一词指的是一个对象由多种特征表示，如颜色特征、纹理特征等。此外，如何融合这些多视角特征以获取更加可信的检测结果也是一个关键性问题。一种直接的解决方案是将多视角特征拼接在一起，并利用拼接后的特征计算显著度图[22]。另一种方案是利用各特征单独计算显著度图，然后以线性或非线性方式进行融合来获得最终的显著度图。然而，所有这些解决方案均忽略了多视角特征之间潜在的相关性，并且这些融合方式也缺少物理意义[51]。

(a) 输入图像

(b) 使用颜色平均值得到的显著度图

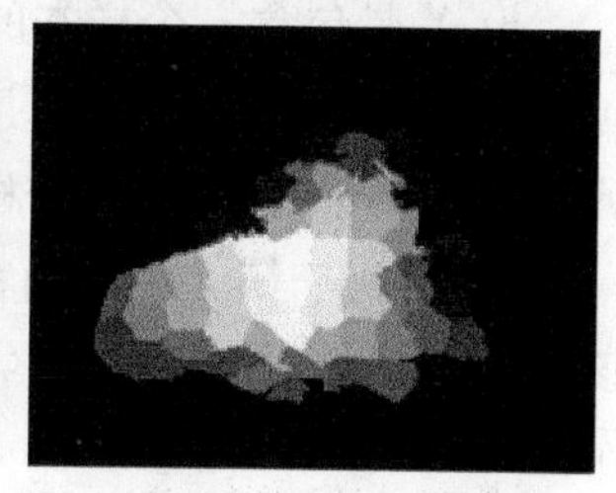

(c) 使用多视角特征得到的显著度图

图 4.6　使用单特征和多视角特征的视觉对比

为了克服现有方法的不足，本章提出一种 IMMR 方法。相比于文献[52]中的 MMR 算法，本章提出的 IMMR 认为应该从不同的视角刻画一个对象，并且各视角的本质差异应该导致对最终的排序结果的不同贡献。将该 IMMR 方法应用于显著性检测任务中，通过构建各视角的视觉相似度图来模拟图像单元之间的视觉相似性。换言之，当利用 IMMR 检测显著性时，将多视角特征的融合融入显著度计算过程中，很好地利用了多视角特征之间的潜在相关性。在本节方法中，根据各图像块与给定种子节点之间的相似度将图像单元排序。基于"大多数边界是非显著区域"的边界先验[37]，边界上的图像块被当做种子节点。因此，那些与非显著区域具有高相似度的图像单元将被分配低的显著度值，反之亦然。在该过程中，通过使用迭代更新优化方法，IMMR 方法为每个视角生成一个最优的非负权重。在对各图像单元进行第一次排序之后，执行利用显著种子的第二次排序，以进一步改善结果。第二次排序后的结果被视为最终的显著度。

相比于 Yang 等[49]提出的流形排序(manifold ranking，MR)方法，本章提出的 IMMR 方法在显著性检测方面具有以下两个优势。首先，利用来自多个视角的特征协作地检测显著度，这将克服 MR 方法中存在的问题：单一特征不能很好地表示一幅图像。其次，提出的 IMMR 方法在显著度推导过程中实现特征融合。换言之，各视角的权重是通过求解优化问题自适应确定的，这使得特征之间的潜在关系被很好地利用。基于以上两个优势，相比于 MR 方法，本章提出的方法将生成更精准可靠的显著度图。

本章提出的基于 IMMR 的显著性检测方法的流程如图 4.7 所示。第一步，在图像过分割之后，提取各图像块的多视角视觉特征；第二步，为每个视角的特征构建视觉相似度图；第三步，在第一次排序阶段，利用非显著查询节点执行 IMMR 以获取各图像单元的排序得分；第四步，根据第一次排序得分，挑选显著查询节点，执行第二次排序；第五步，根据第二次排序得分确定最终的显著度图。

1. IMMR 方法

设 X 是包含 n 个样本的数据集，$X=\{x_1,x_2,\cdots,x_n\}\in \mathrm{R}^{m\times n}$，$Y=\{y_1,y_2,\cdots,y_n\}$是指示标签向量，若 x_i 是查询点，则 $y_i=1$，否则 $y_i=0$。IMMR 方法的目的是找到函数 $\Phi: X\rightarrow R$，为每个样本 $x_i\in \mathrm{R}^m$ 分配一个排序得分 $f_i\in \mathrm{R}$。

首先，对于第 k 个视角特征 X^k($k=1,2,\cdots,K$，K 是视角的个数)，构建基于该视角的视觉相似度图 $G^k(V,E^k)$，其中，节点 V 是样本集 X，边 E^k 由亲和度矩阵 $W^k=[w_{ij}^k]_{n\times n}$加权。

$$w_{ij}^k=\begin{cases} \mathrm{e}^{-\|x_i^k-x_j^k\|^2/\sigma^2}, & x_i^k \text{ 与 } x_j^k \text{ 连接} \\ 0, & \text{其他} \end{cases} \tag{4.11}$$

式中，x_i^k 和 x_j^k 分别为样本 x_i 和 x_j 的第 k 个特征；σ 为控制权重强度的常量。如文献[49]中所定义的，每个节点不仅连接到其邻域节点，也连接到与其邻域节点共享边界的节点。此外，四个边界上的节点也被强制连接。

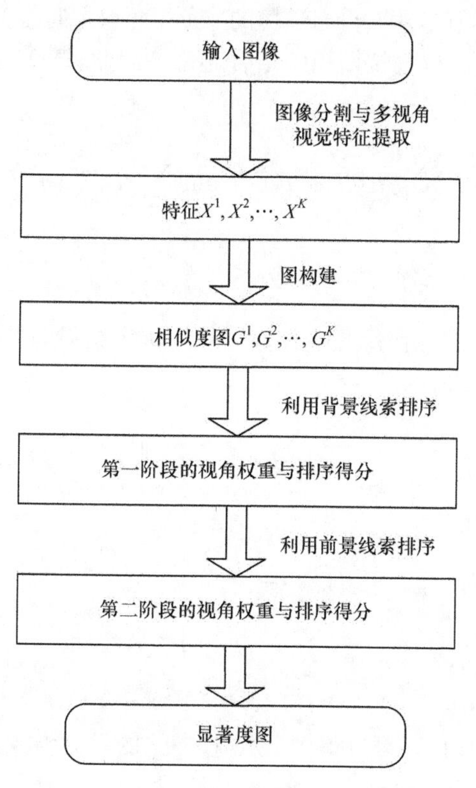

图 4.7　基于 IMMR 的显著性检测方法流程

IMMR 方法的第一个作用是确保邻近节点具有相似的排序得分。为了达到这个目的，对于第 k 个视角，需要最小化如下目标函数：

$$\min \sum_{i,j=1}^{n} \| f_i - f_j \|^2 w_{ij}^k \tag{4.12}$$

式(4.12)可推导为

$$\begin{aligned} & \min \sum_{i,j=1}^{n} \| f_i - f_j \|^2 w_{ij}^k \\ = & \min \sum_{i,j=1}^{n} w_{ij}^k (f_i^{\mathrm{T}} f_i + f_j^{\mathrm{T}} f_j - 2 f_i^{\mathrm{T}} f_j) \\ = & \min 2\mathrm{tr}(F^{\mathrm{T}} (D^k - W^k) F) = \min 2\mathrm{tr}(F^{\mathrm{T}} L^k F) \end{aligned} \tag{4.13}$$

式中，tr（·）表示迹操作，D^k 为对角矩阵且有 $D_{ii}^k = \sum_{j=1}^{n} w_{ij}^k$，$F = [f_1 \quad f_2 \quad \cdots \quad f_n]^{\mathrm{T}}$；$L^k = D^k - W^k$ 为拉普拉斯矩阵。接下来，为了考虑不同视角对流形排序结果的不同贡献，用一个自适应的非负视角权重向量 $\lambda = [\lambda_1 \quad \lambda_2 \quad \cdots \quad \lambda_K]$ 将所有基于视角的几何拉普拉斯矩阵结合起来。因此，IMMR 方法的第一个目标函数可表示为

$$\begin{aligned} &\min \sum_{k=1}^{K} \lambda_k \mathrm{tr}(F^{\mathrm{T}} L^k F) = \min \sum_{k=1}^{K} \mathrm{tr}(F^{\mathrm{T}} \lambda_k L^k F) \\ &\text{s. t.} \sum_{k=1}^{K} \lambda_k = 1, \quad \lambda_k \geqslant 0 \end{aligned} \tag{4.14}$$

IMMR 方法的第二个作用是确保数据点的排序结果与初始的查询值相一致。因此，目标函数可定义为

$$\min \sum_{i=1}^{n} \| f_i - y_i \|^2 \tag{4.15}$$

经过推导有

$$\begin{aligned} &\min \sum_{i=1}^{n} \| f_i - y_i \|^2 \\ &= \sum_{i=1}^{n} (f_i - y_i)^{\mathrm{T}} (f_i - y_i) \\ &= \mathrm{tr}(F^{\mathrm{T}} F - 2F^{\mathrm{T}} Y + Y^{\mathrm{T}} Y) \end{aligned} \tag{4.16}$$

结合式(4.14)和式(4.16)，可以得到 IMMR 方法的目标函数：

$$\begin{aligned} &\min \sum_{k=1}^{K} \mathrm{tr}(F^{\mathrm{T}} \lambda_k L^k F) + \mu \mathrm{tr}(F^{\mathrm{T}} F - 2F^{\mathrm{T}} Y + Y^{\mathrm{T}} Y) \\ &\text{s. t.} \sum_{k=1}^{K} \lambda_k = 1, \quad \lambda_k \geqslant 0 \end{aligned} \tag{4.17}$$

式中，μ 为规则化平衡参数，控制第一项与第二项之间的平衡。由式(4.17)可以看到，一个好的排序函数应使相邻节点的得分不会有太大差异，并且最终的得分与初始的给定值不会相差太多。

式(4.17)是一个非凸的优化问题。下面引入一种迭代方法来求解式(4.17)。每次迭代时，首先优化 F 和 λ 中的一个，同时固定另一个，然后将 F 和 λ 进行角色交换。重复上述迭代过程直至达到收敛或达到最大迭代次数。

首先，固定 λ 优化 F。通过设置上述目标函数为零计算最小值。参照文献[53]，得到的排序函数可表示为

$$F = (W - \alpha D)^{-1} Y \tag{4.18}$$

式中，$\alpha=1/(1+\mu)$。

然后，固定 F 优化 λ。通过去除无关项，式(4.17)的优化问题可推导为

$$\begin{aligned}&\min \operatorname{tr}\Big(F^{\mathrm{T}}\sum_{k=1}^{K}\lambda_k L^k F\Big)\\&\text{s.t}\sum_{k=1}^{K}\lambda_k=1,\quad \lambda_k\geqslant 0\end{aligned}\tag{4.19}$$

实际上，式(4.19)中当 λ 中 $\lambda_k=1$、其他所有元素为 0 时，$\operatorname{tr}\Big(F^{\mathrm{T}}\sum_{k=1}^{K}\lambda_k L^k F\Big)$ 取得最小值 $\operatorname{tr}(F^{\mathrm{T}}L^kF)$。这意味着本方法只选择了一个视角。为了解决这个问题，引入文献[51]中的解决方案，即令 $\lambda_k\leftarrow\lambda_k^r$，$r>1$，式(4.19)即可表示为

$$\begin{aligned}&\min \operatorname{tr}\Big(F^{\mathrm{T}}\sum_{k=1}^{K}\lambda_k^r L^k F\Big)\\&\text{s.t}\sum_{k=1}^{K}\lambda_k=1,\quad \lambda_k\geqslant 0\end{aligned}\tag{4.20}$$

通过使用拉格朗日乘子 ζ 引入约束 $\sum_{k=1}^{K}\lambda_k=1$，可获得式(4.20)的拉格朗日函数：

$$J(\lambda,\zeta)=\operatorname{tr}\Big(F^{\mathrm{T}}\sum_{k=1}^{K}\lambda_k^r L^k F\Big)+\zeta\Big(\sum_{k=1}^{K}\lambda_k-1\Big)\tag{4.21}$$

令 $J(\lambda,\zeta)$ 关于 λ_k 和 ζ 的导数为 0，有

$$\begin{cases}\dfrac{\partial J(\lambda,\zeta)}{\partial\lambda_k}=r\lambda_k^{r-1}\operatorname{tr}(F^{\mathrm{T}}L^kF)-\zeta=0\\[2ex]\dfrac{\partial J(\lambda,\zeta)}{\partial\zeta}=\sum_{k=1}^{K}\lambda_k-1=0\end{cases}\tag{4.22}$$

因此，可得到关于 λ_k 的更新公式：

$$\lambda_k=\frac{\left(\dfrac{1}{\operatorname{tr}(F^{\mathrm{T}}L^kF)}\right)^{1/(r-1)}}{\sum_{k=1}^{K}\left(\dfrac{1}{\operatorname{tr}(F^{\mathrm{T}}L^kF)}\right)^{1/(r-1)}}\tag{4.23}$$

式中，参数 r 控制 λ_k。如果 $r\to\infty$，那么不同的 λ_k 将彼此接近，如果 $r\to1$，那么权值向量 $[\lambda_1\quad\lambda_2\quad\cdots\quad\lambda_m]$ 中仅有一个非零元素，即只选择了一个视角。因此，参数 r 的选取应该基于所有视角特征的互补特性，即较大的 r 值更适合于具有丰富互补信息的特征，反之亦然。优化算法可总结如下。

算法 4.2 IMMR 方法概要

输入:输入数据 X 的 K 个视角的特征,指示标签向量 Y,参数 σ、α 和 r

输出:排序结果 F 和非负权重向量 λ

(1) 初始化 F 和 λ 向量为任意非负向量且 $t=0$;

(2) 通过式(4.11)计算权重矩阵 W^k,并根据 W^k 计算对角矩阵 D^k;

(3) 重复执行步骤(4)～(8);

(4) 计算 $W_{t+1}=\sum_{k=1}^{K}\lambda_k^t W^k$ 和 $D_{t+1}=\sum_{k=1}^{K}\lambda_k^t D^k$;

(5) 更新 F_{t+1} 为 $F_{t+1}=(D_{t+1}-\alpha W_{t+1})^{-1}Y$;

(6) 计算 $L^k=D^k-W^k, k=1,2,\cdots,K$;

(7) 更新 λ_k^{t+1} 为 $\lambda_k^{t+1}=\dfrac{\left(\dfrac{1}{\mathrm{tr}(F_{t+1}^{\mathrm{T}}L^kF_{t+1})}\right)^{1/(r-1)}}{\sum_{k=1}^{K}\left(\dfrac{1}{\mathrm{tr}(F_{t+1}^{\mathrm{T}}L^kF_{t+1})}\right)^{1/(r-1)}}$;

(8) $t=t+1$;

(9) 直到式(4.17)中的目标函数的值不再发生变化。

2. 多视角视觉特征提取

在本章中,各节点或图像单元由 SLIC 算法[54]生成的超像素表示。Wolfe 等[55]已经指出,颜色和方向是在人脑中早期被处理的视觉特征并引导视觉搜索。因此,在此使用颜色和方向特征描述各超像素。当提取颜色特征时,将输入图像转换到 CIE Lab 颜色空间。由于其与人类的心理-视觉空间具有相似性[56],因此在许多显著性检测文献中[57-59]都使用 CIE Lab 颜色空间。本章使用粗尺度和细尺度两种类型的颜色特征。Lab 颜色空间中超像素的平均值可从宏观的角度描述区域,提供粗尺度的三维颜色特征。另外,区域的细节颜色信息也应该被考虑。在本章中,使用颜色直方图来描述区域的颜色组成和分布,通过将图像颜色离散化并统计各离散颜色出现次数来实现[60]。在此,分别将 L 通道量化为 8 个柱,a 和 b 通道量化为 4 个柱,即为每个超像素生成 128 维的细尺度颜色特征向量。除了两种类型的颜色特征,还使用 Gabor 滤波器[61]提取方向特征。在本方法中,对图像的每个位置执行具有 12 个方向、3 个尺度的 Gabor 滤波,最小滤波器的带宽选择为 8,尺度因子为 2。一个超像素内所有像素的 36 维特征的平均值被当成其方向特征。至此,提取了 3 个视角的特征用于表示超像素。

3. 基于 IMMR 方法的显著性检测

本节采用 Yang 等[49]提出的双阶方案,利用 IMMR 方法进行自底向上的显著性检测。

在第一阶段,边界上的节点标记为查询节点,目的是基于这些已标记节点与其他节点的相关性对节点进行排序。通过 IMMR 方法获得所有节点的排序得分并且将该得分与显著度值相关联。四个边界会分别生成四个显著度图,最后将它们融合作为第一阶段显著度值。尽管在第一阶段标示出一些显著区域,但一些非显著的节点可能未被充分抑制,特别是当显著目标出现在图像边界时。为了避免这种问题并改进结果,将第一阶段的显著度图二值化,并从中挑选出显著区域作为第二阶段的已标记查询样本。一旦给定显著查询样本,所有节点的排序得分便可通过 IMMR 方法获得。这些排序得分被视为对应超像素的最终显著度值。

4.3.3 空域显著性检测实验结果与分析

本节在四个公开数据集 MSRA1000[28]、MSRA[62]、ECSSD[16]和 THUR10000[14]上评价 ERC-SLPP 方法和 IMMR 方法。与多种前沿和经典方法进行定性和定量的比较,所对比方法、参考文献如表 4.1 所示。所使用的评价指标为准确率-召回率曲线、ROC 曲线和 AUC。

表 4.1 图像显著性检测的对比方法

方法	IT	AIM	SUN	SR	AC	FT	LC	HC	RC	LR
文献	[11]	[29]	[30]	[27]	[58]	[28]	[33]	[14]	[14]	[19]
方法	SF	MR	CA	HS	MZ	SA	FOV	SCD	GB	
文献	[17]	[49]	[57]	[16]	[63]	[64]	[65]	[66]	[67]	

(1) 准确率-召回率曲线:给定阈值 $T\in[0,255]$,显著度值大于阈值 T 的像素被标记为前景,其他像素则相应地被标记为背景。然后将该二值化的显著度图与 Groundtruth 进行比较,以获得准确率和召回率。当阈值 T 从 0 变化到 255 时,得到准确率-召回率数据对,并给出准确率-召回率曲线。结合所有测试图像的结果生成平均准确率-召回率曲线。

(2) ROC 曲线和 AUC:在计算准确率和召回率的同时,能够获得真阳性率-假阳性率对,可绘制出 ROC 曲线。结合所有测试图像的结果可生成平均的 ROC 曲线。AUC 得分可通过计算 ROC 曲线下的面积获得。平均所有测试图像的 AUC 得分即可获得平均的 AUC 得分。

1. MSRA1000 数据集上的结果与分析

MSRA1000 数据集是 MSRA 数据集的子集，共包含 1000 幅图像。该数据集包含自然场景、动物、室内、室外等多样性图片，并提供有精确人工标记的 Groundtruth。

首先对各个方法在该数据集上的平均检测结果进行定量对比，从而评估所提出算法的性能。图 4.8 显示了 MSRA1000 数据集上各个方法的准确率-召回率曲线。为了显示方便，将所有对比方法分别列于两个子图中。图 4.8(a)给出的是 IT、GB、MZ、FT、LC、RC、MR、AIM、SUN 及本章提出的 ERC-SLPP 方法和 IMMR 方法的准确率-召回率曲线。从图中可以看出，IMMR 方法的准确率-召回率曲线与 MR 方法基本持平，并以较大优势高于其他对比方法。ERC-SLPP 方法虽然不及 IMMR 方法和 MR 方法，但相比于其他对比方法具有较大优势。图 4.8(b)给出的是 SR、AC、HC、SF、CA、LR、HS、SA、SCD、FOV 及本章提出的 ERC-SLPP 方法和 IMMR 方法的准确率-召回率曲线。从中可以看出，IMMR 方法的准确率-召回率曲线始终高于其他对比方法。ERC-SLPP 方法不及 HS 方法和 IMMR 方法，相比于 SA 方法，当召回率处于较低范围时，ERC-SLPP 方法的准确率-召回率曲线要高于 SA 方法，当召回率取较大值时，曲线略低于 SA 方法。ERC-SLPP 方法相对于其他 8 种方法的优势较为明显。

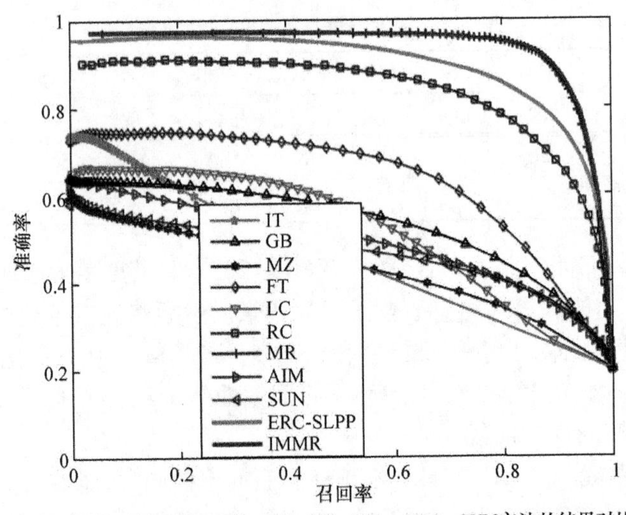

(a) 与IT、GB、MZ、FT、LC、RC、MR、AIM、SUN方法的结果对比

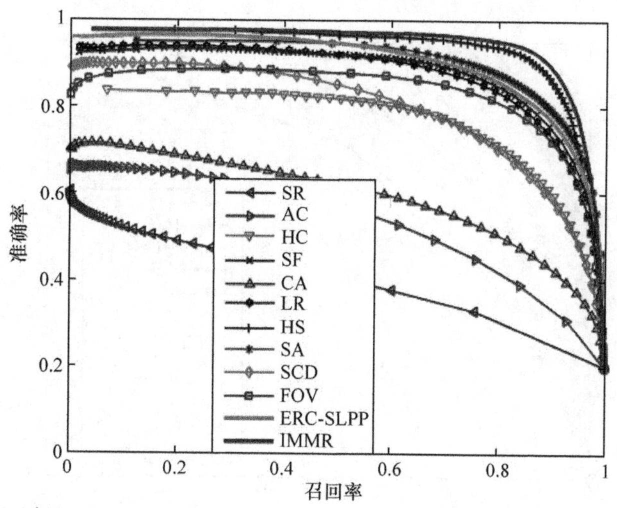

(b) 与SR、AC、HC、SF、CA、LR、HS、SA、SCD、FOV方法的结果对比

图 4.8 MSRA1000 数据集上各方法的准确率-召回率曲线

各方法的 ROC 曲线如图 4.9 所示。图 4.9(a)给出的是 IT、GB、MZ、FT、LC、RC、MR、AIM、SUN 及本章提出的 ERC-SLPP 方法和 IMMR 方法的 ROC 曲线。图 4.8(b)给出的是 SR、AC、HC、SF、CA、LR、HS、SA、SCD、FOV 及本章提出的 ERC-SLPP 方法和 IMMR 方法的 ROC 曲线。从图 4.9 中可以看出,IMMR 方法的 ROC 曲线高于其他对比方法,ERC-SLPP 方法结果虽不及 IMMR 方法、MR 方法和 SA 方法,但优于其余的所有对比方法。这与图 4.9 中的观察基本一致。表 4.2 列出了各方法的 AUC,可以看出本章提出的 IMMR 方法在众多方法中达到了最高的 AUC。

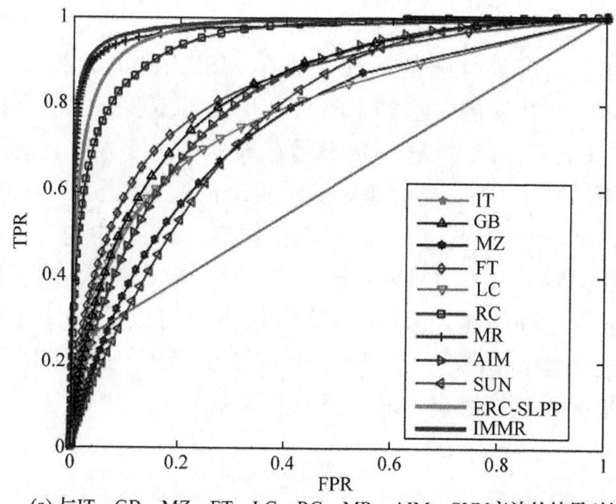

(a) 与IT、GB、MZ、FT、LC、RC、MR、AIM、SUN方法的结果对比

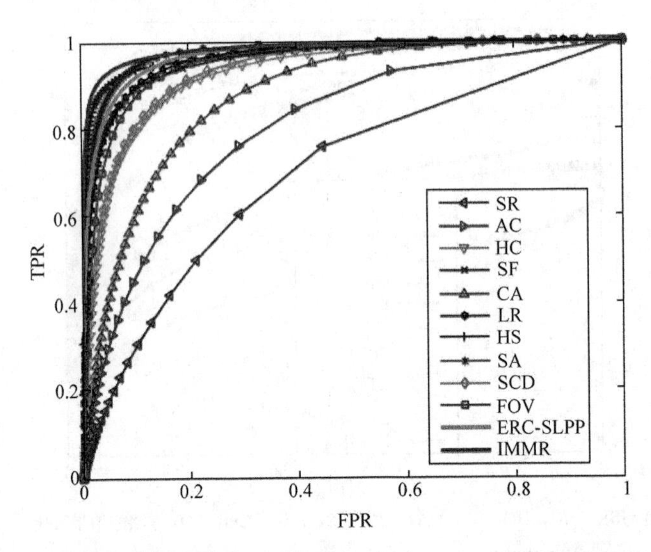

(b) 与SR、AC、HC、SF、CA、LR、HS、SA、SCD、FOV方法的结果对比

图 4.9　MSRA1000 数据集上各方法的 ROC 曲线

表 4.2　MSRA1000 数据集上各方法的 AUC

方法	SF	LR	HS	MR	RC	LC	MZ
AUC	0.9575	0.9648	0.9760	0.9719	0.9634	0.7678	0.7440
方法	IT	FT	GB	AC	CA	HC	SR
AUC	0.6102	0.8604	0.8511	0.8125	0.8770	0.9170	0.7005
方法	SCD	AIM	SUN	SA	FOV	ERC-SLPP	IMMR
AUC	0.9406	0.8147	0.7740	0.9742	0.9626	0.9666	**0.9786**

图 4.10 给出具有较高性能的几种方法在 MSRA1000 数据集上的视觉对比图。可以看出，基于对比度的方法如 ERC-SLPP、HS、RC 等方法突出具有高对比度或具有丰富纹理的背景区域，这是几乎所有基于对比度方法具有的弊端。考虑了边界先验的 MR 方法可在一定程度上克服这个问题，如图 4.10(e)所示。然而，与背景区域具有相似颜色的显著区域被抑制，例如，第四行中与背景颜色十分相似的花瓣未能得到有效的突出。IMMR 方法[如图 4.10(c)所示]由于使用了多视角特征从而可以避免这种问题。总体上，IMMR 方法可以处理具有复杂背景的图像，能够获得较优的检测结果。ERC-SLPP 方法虽然不及 IMMR、MR 等方法优秀，但在大部分情况下仍能够突出显著目标并抑制背景。

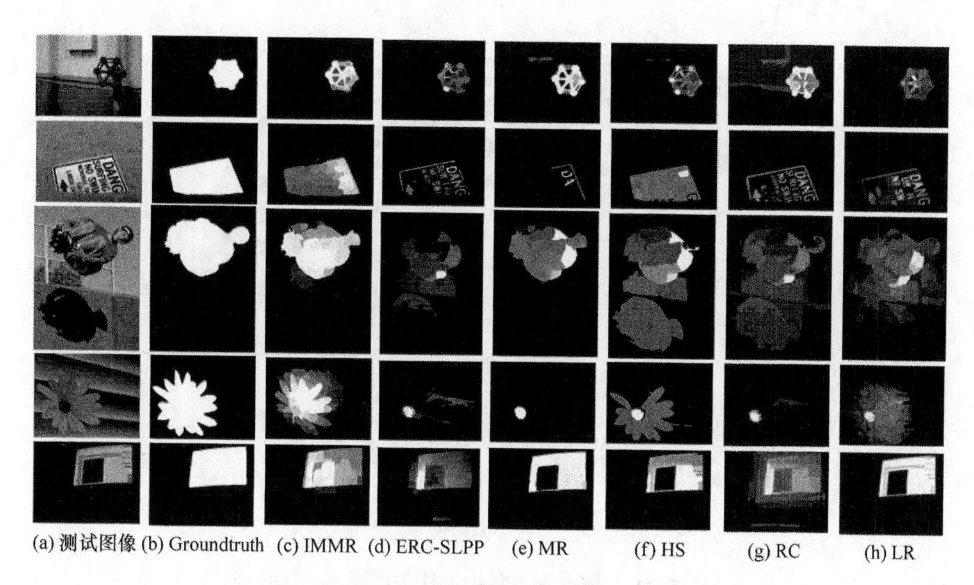

图 4.10　MSRA1000 数据集上检测结果的视觉对比

值得注意的是，很多学者在 MSRA1000 数据集上做了大量努力，并且获得了很好的效果。由于个体差异及标记误差[68]，在 MSRA1000 数据集上的提高空间已经很小。

2. MSRA 数据集上的结果与分析

MSRA 数据集共包含 5000 幅图像，同时提供来自九个用户的矩形标识框，标识他们所认为的显著区域。该图像集中包含自然场景、动物、室内、室外等多种类型的图像。

图 4.11 呈现的是各个方法在 MSRA 数据集上的准确率-召回率曲线。由图 4.11 可以看出，IMMR 方法的准确率-召回率曲线持续高于其他对比方法。ERC-SLPP 方法在较小召回率处具有较高的准确率，但随着召回率的增大，准确率下降较快。

图 4.12 和表 4.3 显示各方法在 MSRA 数据集上的 ROC 曲线和相应的 AUC。可以看出，IMMR 方法的 ROC 曲线持续高于其他对比方法，并达到了最高的 AUC。ERC-SLPP 方法不及 HS 方法和 MR 方法，但优于其他 8 种对比方法。

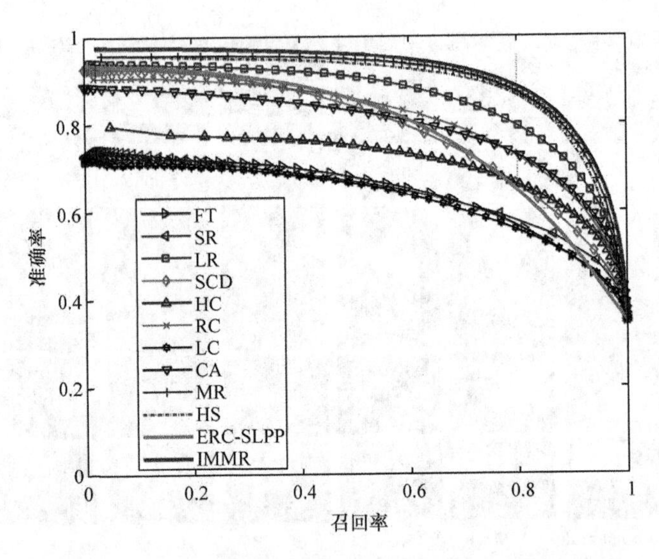

图 4.11　MSRA 数据集上各个方法的准确率-召回率曲线

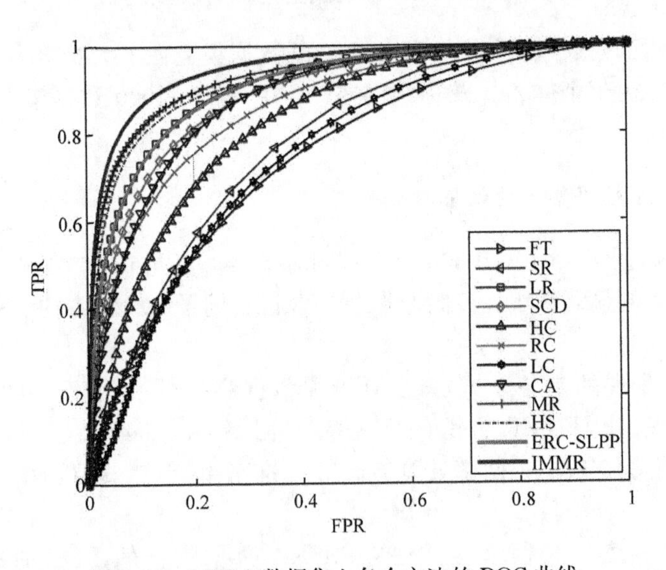

图 4.12　MSRA 数据集上各个方法的 ROC 曲线

表 4.3　MSRA 数据集上各个方法的 AUC

方法	HS	MR	CA	LR	RC	SCD
AUC	0.9402	0.9447	0.9055	0.9281	0.9049	0.9077
方法	LC	FT	HC	SR	ERC-SLPP	IMMR
AUC	0.7641	0.7829	0.8279	0.7983	0.9321	**0.9597**

图 4.13 给出了几种方法在 MSRA 数据集上的视觉对比图。对比 IMMR 方法和 MR 方法，由于 IMMR 方法使用了改进的多流形排序方法，利用多视角特征刻画图像单元，因此得到的显著度图更加符合真实情况。例如，图 4.13 中的第三行，由于岩石和挂在上面的串珠颜色相近，只考虑颜色均值的 MR 方法不能够将串珠从岩石中分离出来。而 IMMR 方法还考虑了方向特征，因此可将纹理不同的串珠和岩石区分开，更加突出感兴趣的串珠。同样观察这幅测试图像，除岩石以外的、上下边界处的背景在图像中所占比例很小，因此基于全局对比度的方法 RC 很容易将所占比例最小的这部分区域赋予最高的显著度。ERC-SLPP 方法由于在 RC 方法基础上增加了边界扩展操作，使该部分背景区域在图像中的比例大大增加，因此使得其显著度降低而达到突出显著区域的目的。

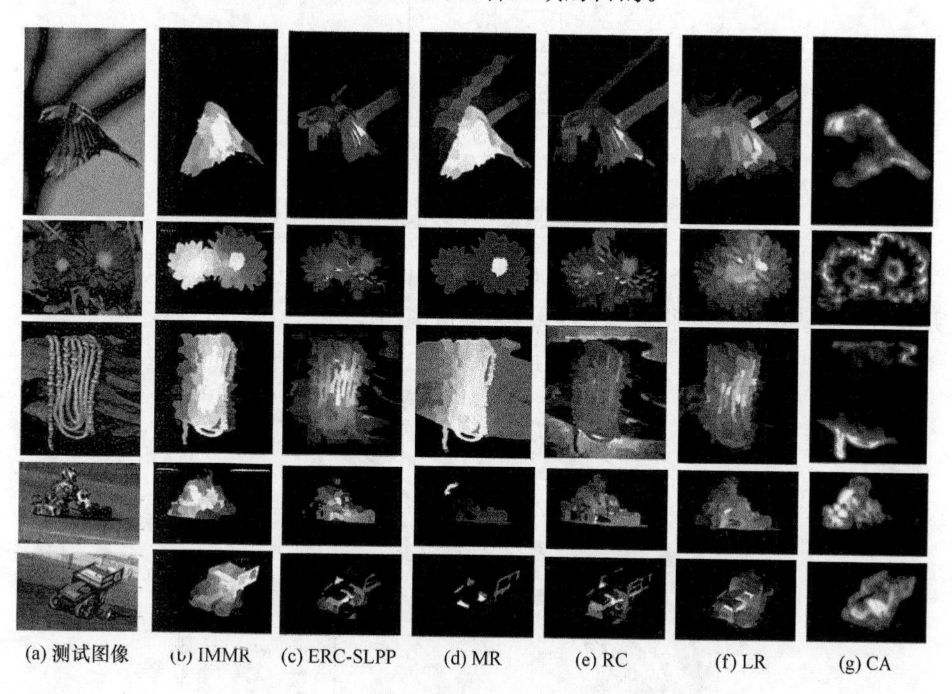

图 4.13　MSRA 数据集上检测结果的视觉对比

3. ECSSD 数据集上的结果与分析

ECSSD 数据集中共有 1000 幅图像，包括许多具有语义信息但结构复杂的图像。其从网络中获取了这些图像，并邀请五个志愿者用矩形框标记出显著区域，作为评价的基准。

图 4.14 呈现了 ECSSD 数据集上各个方法的准确率-召回率曲线。相比于 LR、SR、MR、HC、RC、LC、CA、FT、SCD、HS 及 ERC-SLPP 方法，IMMR 方法的

准确率-召回率曲线具有明显优势。ERC-SLPP 方法仍然不及 MR 方法、HS 方法,但却高于其他 8 种对比方法。

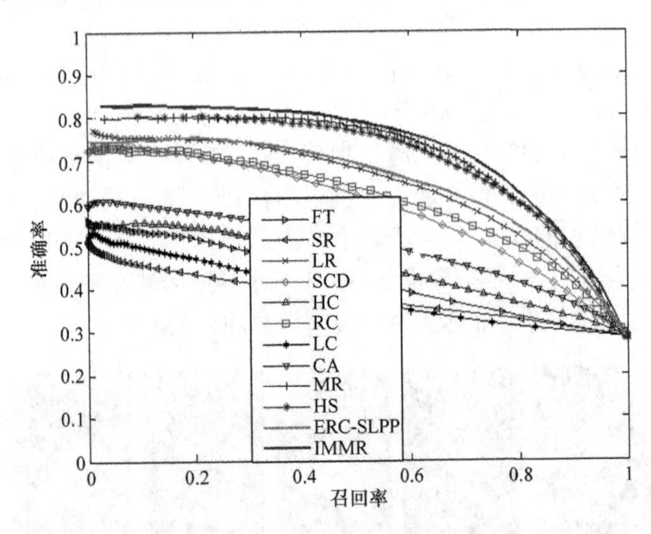

图 4.14 ECSSD 数据集上各个方法的准确率-召回率曲线

在该数据集上,各个方法的 ROC 曲线及相应的 AUC 得分如图 4.15 和表 4.4 所示。从这些结果中可得到与图 4.14 相同的结论。

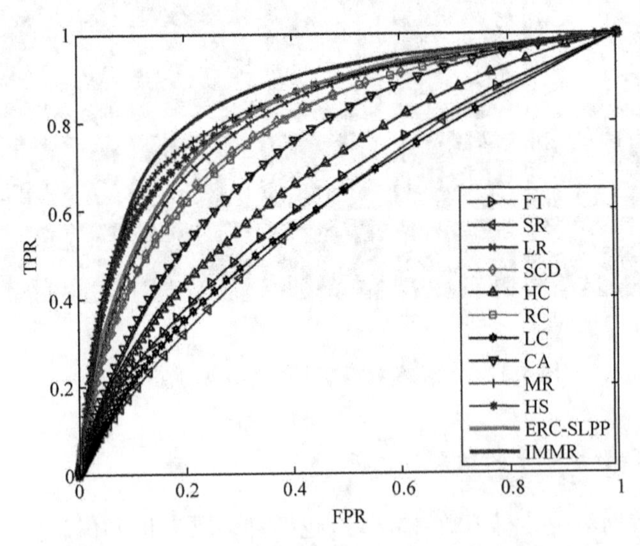

图 4.15 ECSSD 数据集上各个方法的 ROC 曲线

表 4.4　ECSSD 数据集上各个方法的 AUC

方法	HS	MR	CA	LR	RC	SCD
AUC	0.8362	0.8380	0.7391	0.8148	0.8045	0.7901
方法	LC	FT	HC	SR	ERC-SLPP	IMMR
AUC	0.6034	0.6385	0.6682	0.6057	0.8284	**0.8518**

ECSSD 数据集上检测结果的视觉对比如图 4.16 所示。可以看出，相比于其他对比方法，本章提出的 IMMR 方法产生更接近于 Groundtruth 的显著度图。ERC-SLPP 方法得到的显著度图虽不及 IMMR 方法，但也基本上能够突出显著区域。然而，在一些具有复杂背景的图像上，ERC-SLPP 方法表现得不够理想，如图 4.16 的第四行所示。

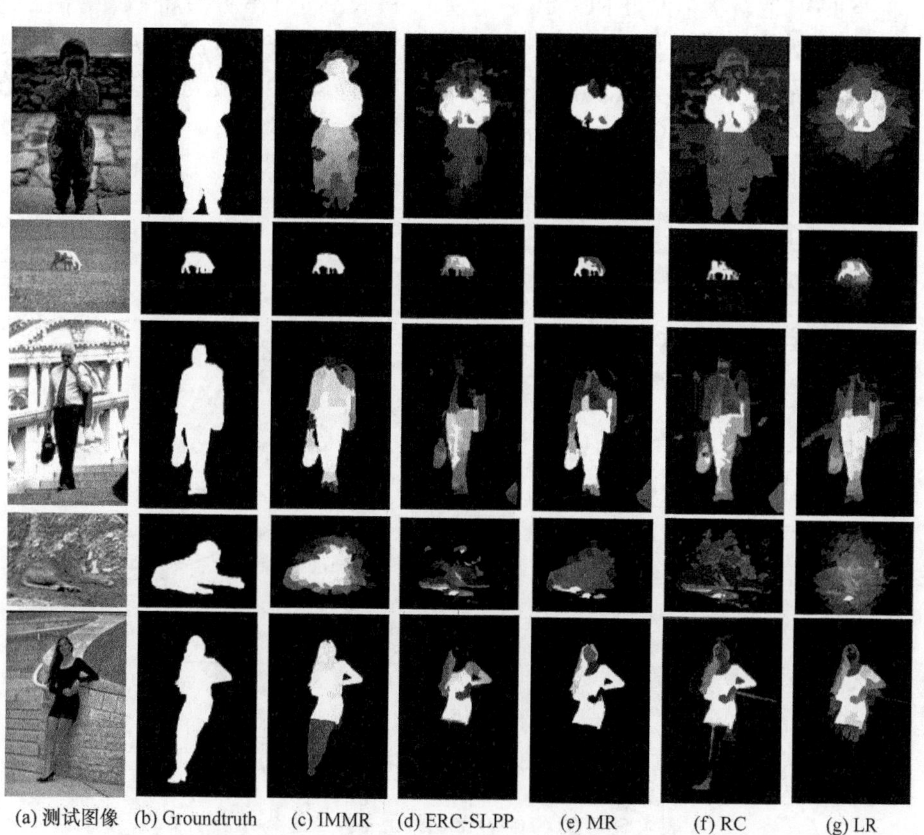

(a) 测试图像　(b) Groundtruth　(c) IMMR　(d) ERC-SLPP　(e) MR　(f) RC　(g) LR

图 4.16　ECSSD 数据集上检测结果的视觉对比

4. THUS10000 数据集上的结果与分析

THUS10000 数据集共包含 10000 幅图像，每幅图像都有像素级的标记，精确地标识显著目标。

图 4.17 显示了 THUS10000 数据集上的准确率-召回率曲线。可以看出，IMMR 方法基本上与 MR 方法、HS 方法保持一致，并大幅优于其他对比方法。在该数据集上，ERC-SLPP 方法仍然不及 MR 方法和 HS 方法，但优于其他所有对比方法。尽管在准确率-召回率曲线上，IMMR 方法较 MR、HS 等方法的优势并不明显，但其 ROC 曲线却持续高于其他所有对比方法，包括 MR 方法和 HS 方法，如图 4.18 所示。在 FPR 较小时，ERC-SLPP 方法的 TPR 不如 HS 方法和 MR 方法，但当 FPR 取较大值时，ERC-SLPP 方法的 TPR 高于 HS 方法和 MR 方法。对照表 4.5 中列出的各个方法的 AUC 可以看出，ERC-SLPP 方法的 AUC 高于除 IMMR 以外的所有对比方法，IMMR 方法取得所有方法中的最大 AUC。因此，在 THUS0000 数据集的 ROC 曲线及 AUC 方面，本章提出的 ERC-SLPP 方法和 IMMR 方法优于其他所有对比方法。

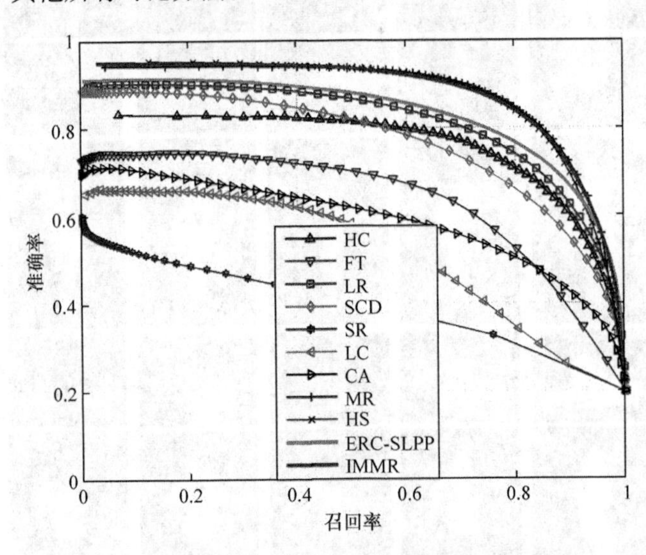

图 4.17 THUS10000 数据集上各方法的准确率-召回率曲线

表 4.5 THUS10000 数据集上各方法的 AUC

方法	HS	MR	CA	LR	SR	LC
AUC	0.9456	0.9432	0.8767	0.9383	0.7173	0.7561
方法	FT	HC	SCD	ERC-SLPP	IMMR	
AUC	0.7946	0.8517	0.9159	0.9507	**0.9528**	

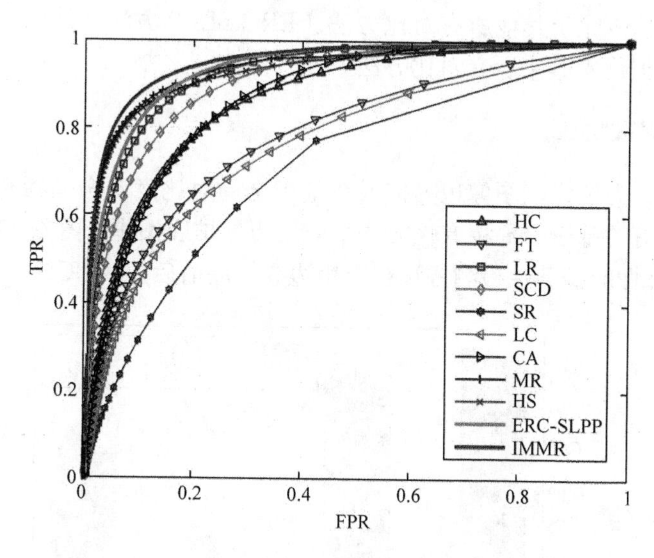

图 4.18 THUS10000 数据集上各方法的 ROC 曲线

图 4.19 显示一些对比方法在 THUS10000 数据集上检测结果的视觉对比。从图中可以看出，IMMR 方法得到的显著度图与 Groundtruth 图像更加一致。

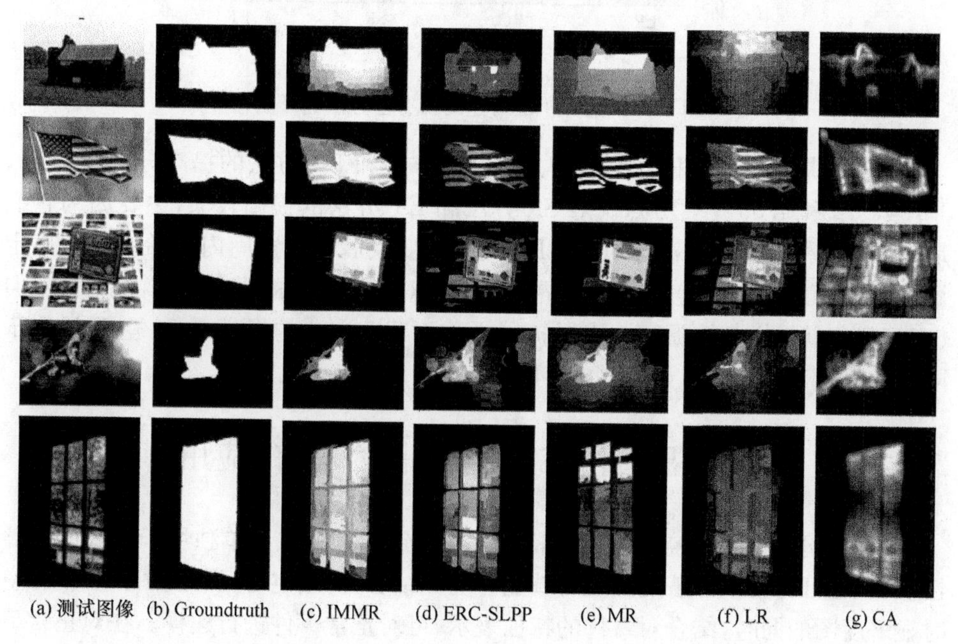

图 4.19 THUS10000 数据集上检测结果的视觉对比

综合以上四个数据集上的实验结果可以看出，所提出的 IMMR 方法表现出了优越的性能，总体优于其他所有对比方法。ERC-SLPP 方法总体上不及 HS 方法和 MR 方法，但优于其余所有对比方法。

5. 边界扩展实验

在本节中，为了说明图像边界扩展在基于全局对比度或全局稀有性方法中的有效性，在现有的基于全局稀有性方法中应用边界扩展操作。图 4.20 显示了几种基于全局稀有性的显著性检测方法在应用边界扩展前后的 AUC。

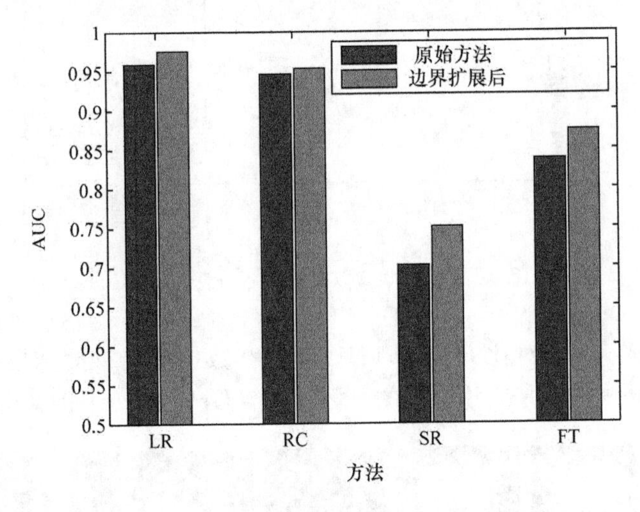

图 4.20　边界扩展对全局稀有性方法的影响

边界扩展操作对 LR 方法、RC 方法、SR 方法和 FT 方法的提高分别为 1.62、0.79、7.12 和 4.55 个百分点。对 SR 方法和 FT 方法的提高较大，主要因为它们是基于全局稀有性的方法。对于 LR 方法，在变换后特征空间内的稀有性来决定显著度，因此原始图像空间中的边界扩展操作对算法性能的提高不是特别明显，但也有 1.62 个百分点的提高。边界扩展操作对 RC 方法的提高最低，主要是由于 RC 是一种半全局方法，如 4.3.1 节所述。

4.4　显著性在异常事件检测中的应用

4.3 节介绍了两种空域显著性检测方法。这两种方法可单独用于图像的显著性检测，也可将空域显著度图与时域显著度图结合，构建空时显著度图。在获得空时显著度图的同时，结合对事件的特征表示，可对正常事件进行建模。在对正常事件模型构建完成之后，就要对测试视频序列进行异常判断。在此，只对测试视频的显著区域进行异常判断。这不仅大大减少了计算数据量，同时也去除了一些非显著区域样本的干扰，在提高了计算速度的同时也提高了检测性能。基于空时显著性的视频异常事件检测算法流程如图 4.21 所示。

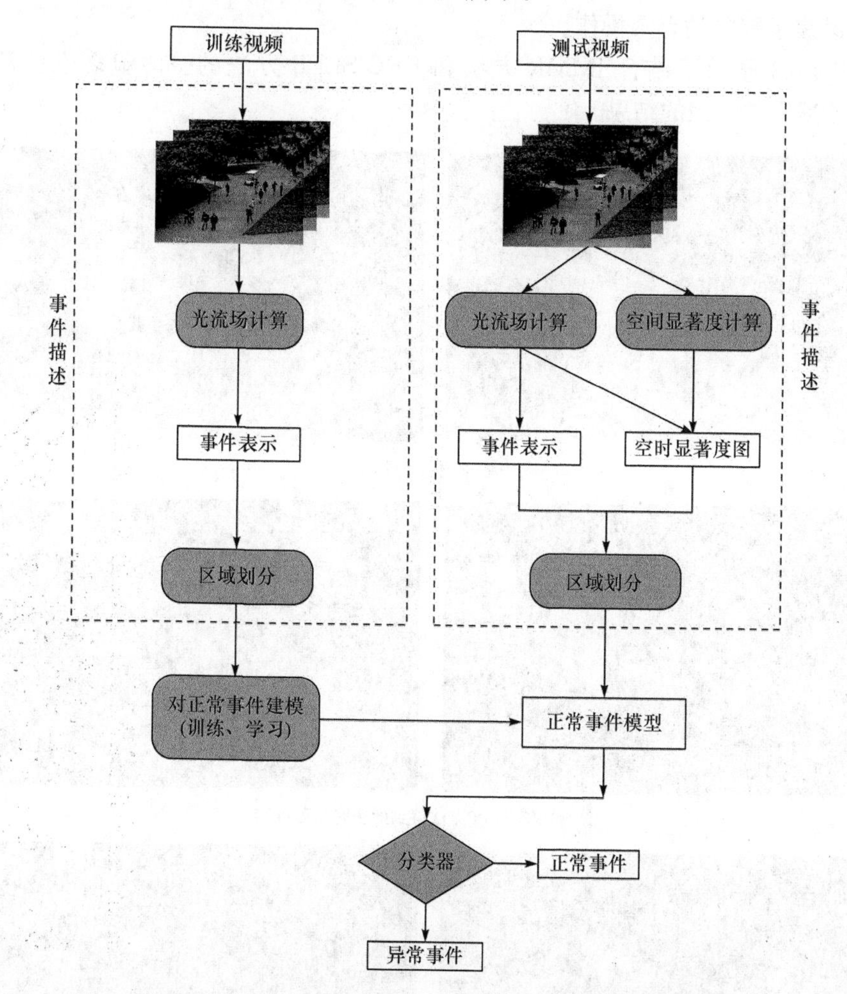

图 4.21　基于空时显著性的视频异常事件检测算法流程图

4.4.1　空时显著度图构建

通过使用 4.3 节提出的空域显著度计算方法，可得到空域显著度图 S_s。接下来计算时域显著度图 S_t。鉴于光流在运动图像分析中的出色表现，此处采用相邻两帧的光流场的能量即运动向量的幅值作为时域显著度图。设(V_x,V_y)为第 t 帧的运动场，运动幅值可表示为

$$M=\sqrt{(V_x^2+V_y^2)} \tag{4.24}$$

将此运动幅值作为时域显著度图 S_t。采用式(4.1)对空域显著度图和时域显著度

图进行融合。式(4.1)中的 F 为元素级相乘操作，即

$$S=S_s \otimes S_t \tag{4.25}$$

式中，$\otimes$表示矩阵的点乘操作。

图 4.22 显示了结合 IMMR 方法和 ERC-SLPP 方法的空时显著性检测在 Ped1 数据集中两帧的结果。

(a) 原始图像

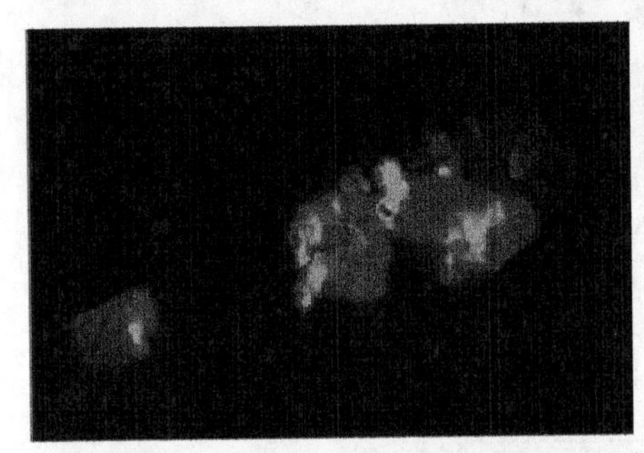 

(b) 结合ERC-SLPP方法得到的空时显著度图

 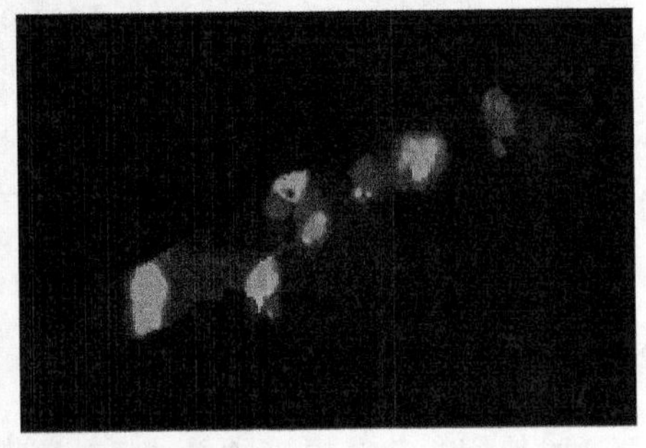

(c) 结合IMMR方法得到的空时显著度图

图 4.22　UCSD Ped1 数据集中的两帧图像及相应的空时显著度图

4.4.2　区域级模型的构建

在进行事件表示时，在显著性检测时使用了光流特征，为了节省计算资源，本

节采用 MHOF 特征对视频内容进行描述。为了突出运动幅值的重要性，将幅值尺度设为 8，而运动方向不进行量化。

现实场景中，由于场景分布和摄像角度等问题，所拍摄的视频中往往会存在景深不一致问题。即距离摄像头较远的对象所呈现的像较小，这会导致即使与距离摄像头较近的目标具有相同的运动，但在计算时还是会得到不同甚至差距很大的运动模式。如果在整个场景中构建一个正常事件模型，那么会导致一些距离摄像头较近的目标，由于其计算得到的运动速度较大，而被误判为异常目标。因此，为了解决这种由景深造成的运动差异性问题，在对正常事件进行建模时，大部分现有方法都是为每个块级的空间位置构建一个正常模型。例如，对于 Ped1 数据集，如果将帧图像不重叠地划分为 $n\times n$ 的基本图像单元，如图 4.23 所示，那么需要为每个单元都构建一个模型。许多现有的异常检测算法[69-71]包括本书第 3 章提出的基于高阶运动特征的异常检测算法均用此种策略来提高检测性能，并取得了令人满意的检测效果。

图 4.23　基于图像单元的建模方法

在本章中，由于通过空时显著性检测将图像中一些不重要区域过滤，而只对感兴趣区域进行检测，这就导致在各视频帧中，所需检测的图像内容在空间位置上是不一致的。图 4.23 说明了这一问题。对于某一空间位置，并不是所有帧中该位置处的图像块都是显著区域，例如图 4.23 中的第(i,j)块，假设在此位置上构建了一个正常事件模型，但在后续的检测过程中，该区域很少被检测为显著区域，则构建该模型所花费的时间代价和存储该模型所需的物理代价将是没有实际意义的。此外，以 UCSD Ped1 为例，图像的分辨率为 158×238，若图像分块大小 n 取 10，则至少会产生$\lfloor 158/10\rfloor\times\lfloor 238/10\rfloor=345$ 个块级的空间位置。在每个图像位置构建正常事件模型，共需要构建 345 个模型。这种做法解决了由景深造成的目标运动不一致问题，但却引入了另外的问题。训练如此多的模型所花费的时间代价将是巨大的，特别是当使用复杂的学习方式时。而这种时间代价在处理视频数据时往往是不可以接受的。此外,存储如此之多的已训练模型也是一项烦琐的工作,对机器物理内存的需求也不小。

针对上述问题,本章在显著区域检测基础上,提出一种超越基本图像单元的模型构建方式,即区域级模型构建方法。在区域级模型构建中,会根据训练数据集中运动目标的运动速度,粗略地估计该场景的景深。根据景深信息,将各图像划分为更广义的局部区域,每个局部区域包含若干个基本图像单元。若局部区域 R_i 共包含 n_i 个基本图像单元,总的局部区域个数为 N_R,则需要构建的模型个数将由原来的 $\sum_{i=1}^{N_R} n_i$ 个变为 N_R 个。通过降低模型个数,大大降低了模型训练所需的时间代价和模型存储所需的物理代价。

此外,使用本章的区域级模型构建方法还可解决部分图像区域训练样本不充分的问题。基于视频的异常事件检测是找到那些偏离正常事件的异常事件,通常通过对正常事件建模来实现。而在实际情况中,正常事件多种多样,存在较大的类内多样性。仍以图 4.23 为例,对于图像中 $(i,j+1)$ 位置处的图像单元,当有行人经过时认为该区域内发生的是正常事件,当没有目标经过时也认为该区域内发生的是正常事件,而只要是行人经过,无论其是漫步还是快走,都认为是正常事件。这时就需要足够丰富的训练样本,能够对每种正常事件都充分表示。而实际情况是,对于视频序列的 $(i,j+1)$ 位置,大部分的训练样本均是没有运动目标经过的情形,而仅有屈指可数的几幅图像是有运动目标经过的。很显然,寥寥几个带有运动目标的训练样本无法做到对所有正常事件类型的完美建模,这就导致在检测过程中,当 $(i,j+1)$ 位置处出现运动目标时均被误检为异常事件。在该场景右下角处的数个图像单元中均会出现此种现象。而使用区域级模型构建方式时,则可避免这种问题。因为某一区域会包含多个图像单元,这些图像单元将共享训练样本,所以即使存在某个图像单元训练样本不具有多样性和不够充足时,同属于该区域内的其他图像单元会作为补充。这会使该区域内所有图像单元都具有足够多样性的训练样本,避免因某类正常事件的训练样本不充分造成误检。

虽然使用区域级模型构建方式具有以上优势,但同时处理一段视频数据的多个图像单元时,会造成严重的维数灾难问题。而基于显著区域的检测则恰好能够解决这个问题。虽然在一个子区域内会包含很多个基本图像单元,但通过对非显著区域的过滤,会剔除很多不相关的部分,而只保留一小部分待处理图像单元。这就使得提出的区域级模型构建的设想成为可能。

本章沿垂直方向将图像划分为多个不同区域。可根据具体的视频场景选择等间隔或非等间隔地划分为 N_R 个区域。图 4.24 给出了一种非等间隔划分方式的示例。

为了使训练样本具有丰富的多样性,在训练阶段并不进行非显著区域的去除。

图 4.24　非等间隔区域划分方式示例图

对于某个子区域，所有训练视频帧中包含于该区域内的图像单元都将有可能成为训练样本。这会使得训练样本具有多样性，但同时导致了训练数据量过大的问题。因此，在本章中，可通过随机方式或按一定周期（如隔 5 帧取 1 帧）等方式从图像序列中选取一定数量的训练样本来训练正常事件模型。

4.4.3　视频异常事件检测实验结果与分析

利用局部异常检测数据集 UCSD Ped1 和 UCSD Ped2 对提出的基于显著性的异常检测方法进行测试。所用的评价指标仍为帧级和像素级，包括帧级 AUC（FAUC）、像素级 AUC（PAUC）、EER、RD 及综合评价指标 M。

1. 不同区域划分方式的实验

对于 UCSD Ped1 数据集，通过观察发现，在靠近摄像头即图像底部区域，运动幅值随着空间位置的改变变化较大，而在距离摄像头较远的区域如图像的上半部分，运动幅值随着空间位置的改变变化较小。因此，本章采用非等间隔的区域划分方式，从上到下按 3∶1∶1 的比例将图像划分为 3 个区域，如图 4.24 所示。这样既能尽量弥补景深带来的运动差异，也能将所需的模型个数大大降低，如从原来的 345 个降低到 3 个。

在本节中，为了验证 3∶1∶1 区域划分方式的有效性，又进行了 3 种区域划分方式的实验，分别为等间隔地划分为 3 个区域、5 个区域和 7 个区域。这 3 种区域划分方式如图 4.25 所示。图 4.26 给出了 UCSD Ped1 数据集上各种区域划分方法的检测结果，其中的“3∶1∶1”表示按 3∶1∶1 的比例非等间隔地将图像划分为 3 个区域。从图中可以看出，当采用等间隔划分方式时，随着区域个数的增加，检测结果呈上升趋势。但采用非等间隔 3∶1∶1 的划分方式时，虽然只划分了 3 个区域，但结果却与划分为 7 个区域的结果持平。因此，该实验证明了根据视频内容的非等间隔划分方式的优越性，即能够用尽量少的模型达到较优的检测结果。

图 4.25　3 种区域划分方式

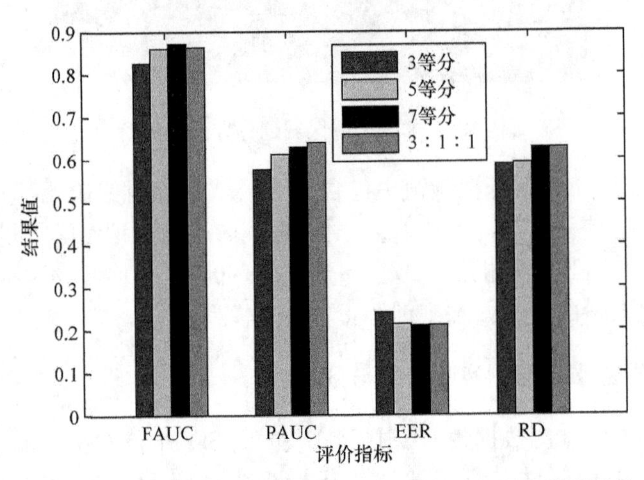

图 4.26　UCSD Ped1 数据集上不同区域划分方式的检测结果

而对于 UCSD Ped2 数据集，运动目标多集中在图像的中间部分，且景深变化范围相对较小，故采用整个图像统一建立一个模型的方式。运动目标出现的区域景深大致相同，因此一个模型足以刻画运动目标的正常运动模式，并且这种做法会使得训练样本足够丰富，避免某些区域单独训练模型时出现样本不充分问题。图 4.27 给出了 UCSD Ped2 数据集上几种区域划分方法的检测结果。从图中可以看出，这几种区域划分方式对结果影响并不大，这是因为该场景中运动目标的景深变化范围很小。因此，选用最小模型个数的划分方式，即所有空间位置共同构建一个正常事件模型(图 4.27 中标记为“1 等分”的划分方式)。

在接下来的对比实验中，UCSD Ped1 数据集采用从上至下 3：1：1 的划分方式，每个区域构建一个正常事件模型，共需构建三个模型；而 UCSD Ped2 数据集由于其自身的特性，采用一个统一的模型构建正常事件模型。

2. *方法对比*

为了验证基于显著度的异常事件检测方法的有效性，将本章提出的基于显著度的异常事件检测方法与其他方法进行对比，包括 SF[72]、MPPCA[73]、SF-MPPCA[74]、MDT[74]、Adam[75]、MHOF + Sparse1[69]、MHOF + Sparse2[70]、MHOF-

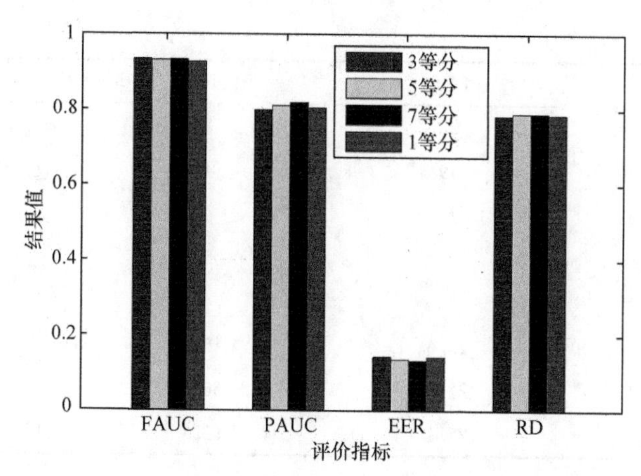

图 4.27　UCSD Ped2 数据集上不同划分方式的检测结果

CP[76]、MHOF+DSparse[77]及第3章中提出的HO方法。本章中,分别利用ERC-SLPP方法和IMMR方法得到空时显著度图,在此记基于这两种空时显著度图的异常事件检测方法分别为ERC-SLPP方法和IMMR方法。

ERC-SLPP和IMMR方法与其他经典的异常事件检测方法的对比结果如表4.6和表4.7所示。表4.6给出了UCSD Ped1数据集上的对比结果,表4.7给出了UCSD Ped2数据集上的对比结果。从表4.6中可以看出,本章提出的ERC-SLPP和IMMR方法均达到了比较理想的检测结果。两种方法在各项指标上不仅优于所对比的经典方法,也优于第3章提出的HO方法。例如,在RD方面,IMMR和ERC-SLPP方法相比于较优的对比方法MHOF+DSparse分别高出9.7和7.2个百分点,相比于第3章提出的HO方法也分别高出5.7和3.2个百分点。在PAUC方面,IMMR和ERC-SLPP的方法相比于MHOF+Sparse2方法分别高出15.5和14.7个百分点,分别优于HO方法8.1和7.3个百分点。在EER方面,IMMR和ERC-SLPP的方法与各对比方法基本持平或稍优于对比方法。在表4.7中,相比于较优的对比方法MHOF-CP,ERC-SLPP和IMMR的FAUC分别高出7.9和6.0个百分点,在EER方面也低于MHOF+DSparse 6.8和5.8个百分点,并均优于第3章中提出的HO方法。

表 4.6　UCSD Ped1 数据集上的对比结果　　(单位:%)

对比方法	EER	RD	PAUC
SF	31	21	17.9
MPPCA	40	18	20.5
SF-MPPCA	32	18	21.3
MDT	25	45	44.1

续表

对比方法	EER	RD	PAUC
Adam	38	24	13.3
MHOF+Sparse1	**19**	46	46.1
MHOF+Sparse2	20	46	48.7
MHOF+DSparse	22	53	—
MHOF-CP	23	47	47.1
HO	23.6	57	56.1
ERC-SLPP	23.4	60.2	63.4
IMMR	21.1	**62.7**	**64.2**

表 4.7 UCSD Ped2 数据集上的对比结果 (单位:%)

对比方法	EER	FAUC
SF	42	62.3
MPPCA	30	77.4
SF-MPPCA	36	71.0
MDT	25	84
Adam	42	63.4
MHOF+Sparse1	25	86.1
MHOF+DSparse	20	—
MHOF-CP	24.8	86.8
HO	16.3	90.8
ERC-SLPP	**13.2**	**94.7**
IMMR	14.2	92.8

图 4.28 和图 4.29 分别给出了基于显著度的异常事件检测方法在 UCSD Ped1 和 UCSD Ped2 数据集上部分视频帧的检测结果。其中,所用的异常阈值为等错误率点处所对应的阈值。由图 4.28 和图 4.29 可以看出,基于显著度的异常事件检测方法能够检测出远处和近处的自行车、滑板等异常事件。

基于区域的模型构建方式不仅能够克服某些空间位置上样本不充分问题,提高检测性能,而且能够大大降低所需构建的正常事件模型个数,从而大大降低训练模型所需的时间。图 4.30 给出了在训练一个正常事件模型时训练样本个数与所需时间的关系,其中横坐标表示训练样本个数,纵坐标表示训练一个模型所需的时间。由图 4.30 可以看出,随着训练样本个数的增加,训练一个模型所需的时间呈指数级增长。通过显著区域提取及区域划分操作,本章提出的方法能将模型个数

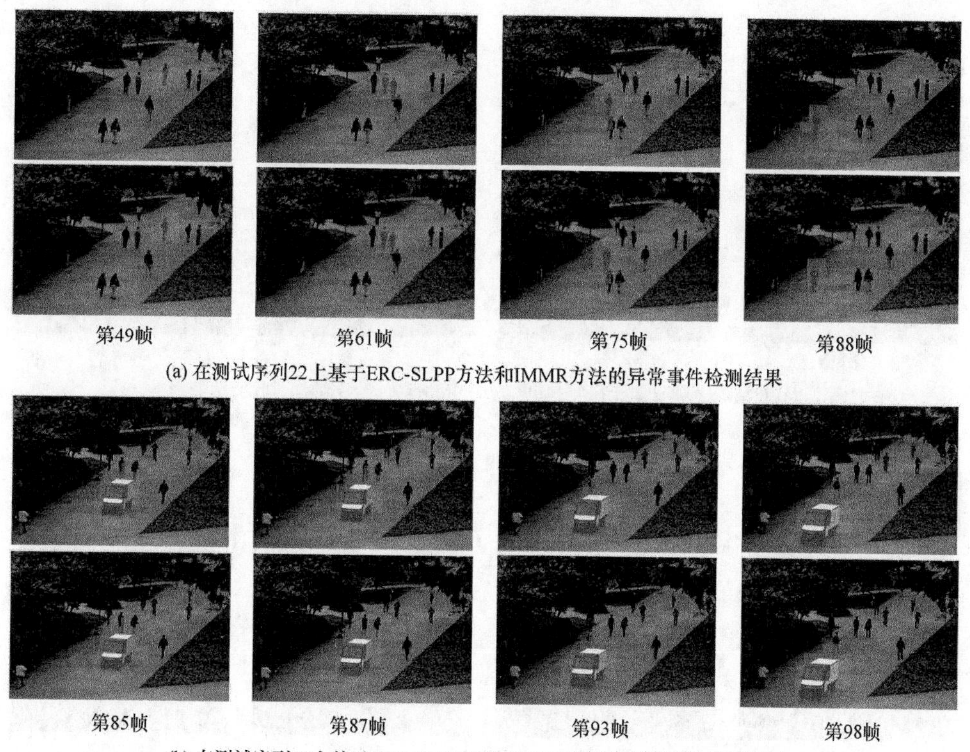

图 4.28　在 UCSD Ped1 数据集上的部分检测结果
子图中,第 1 行为 ERC-SLPP 方法,第 2 行为 IMMR 方法

大大降低。以 UCSD Ped1 数据集为例,当采用 10×10 的分块方式、1000 个训练样本时,加入显著性检测之后构建模型所需的时间约为 5.55(1.85×3)s,与不加入显著度时的 638.25(1.85×345)s 相比,缩短了约 633s 的时间,而当采用 5000 个样本进行训练时,可节省的时间达到 17.5h 之久。

视频中异常事件的定义会随着周围环境的改变而改变,因此用于检测异常事件的模型不能一成不变。在异常事件检测过程中,需要根据不断更新的训练样本集来重新训练或更新适用于当前环境的模型。因此,充分缩短训练模型所需时间是十分必要和有意义的,这也是实现在线异常检测必须要考虑的问题。

由以上实验结果可以看出,通过非显著区域的去除,能够将待处理的数据量大大降低,从而使得基于区域的模型构建成为可能。基于区域的模型构建不仅能够大大缩短建立正常事件模型所需的时间,也克服了某些空间位置样本不充分问题,大大提高了检测性能。

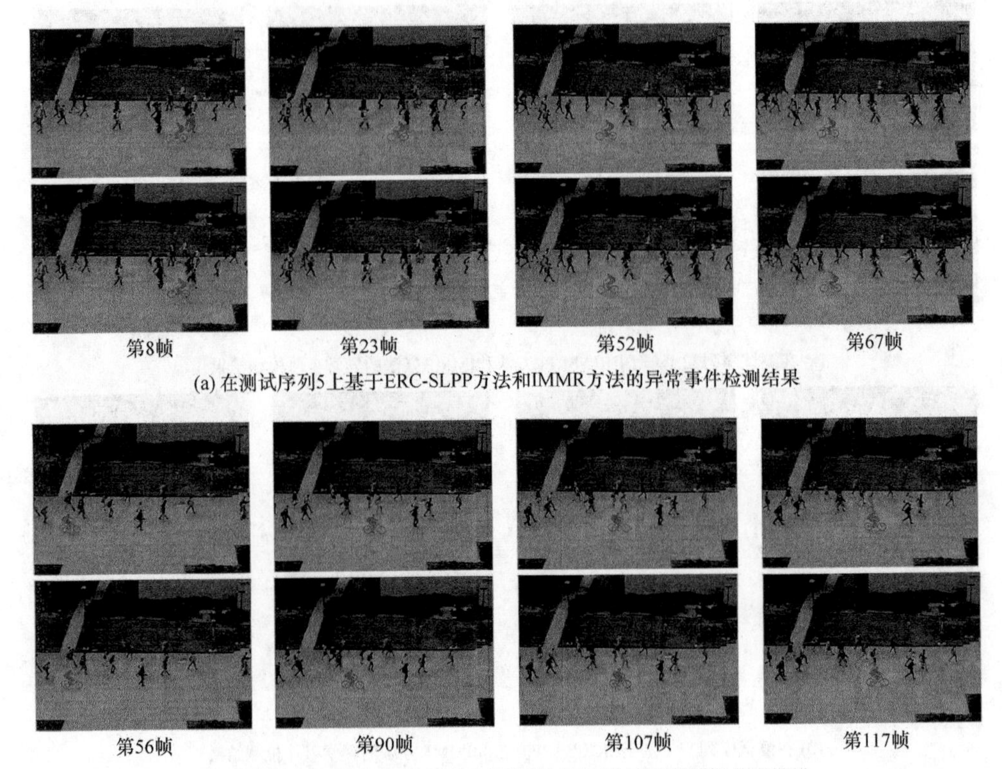

图 4.29　在 UCSD Ped2 数据集上的部分检测结果

子图中，第 1 行为 ERC-SLPP 方法，第 2 行为 IMMR 方法

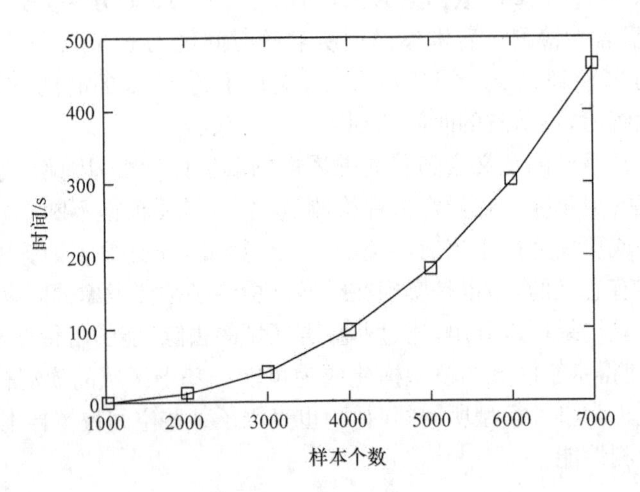

图 4.30　训练一个正常事件模型时训练样本个数与所需时间的关系

4.5　本章小结

本章提出了两种空间显著度图构建方法，分别为 ERC-SLPP 方法和 IMMR 方法。这两种方法可作为图像显著性检测方法单独使用，也可结合时域显著度图构建空时显著度图。本书利用这两种空间显著性检测方法构建了空时显著度图，并基于此进行视频异常事件检测。通过对非显著性区域的滤除，大大降低了异常检测过程中待处理的数据内容，使得只使用少数模型来构建整个场景的正常事件模型成为可能。通过根据视频内容的区域划分技术，用区域级模型代替原来的块级模型，不仅大大缩短了模型构建所需时间，而且解决了块级模型样本不充分问题，提高了检测性能。大量的实验结果证明了本章提出的基于空时显著性的异常事件检测方法的有效性。

参考文献

[1] 郑南宁. 计算机视觉与模式识别[M]. 北京：国防工业出版社，1998.

[2] Davies E R. 机器视觉：理论、算法与实践(英文版)[M]. 3 版. 北京：人民邮电出版社，2009.

[3] Zhang P, Zhuo T, Huang W, et al. Online object tracking based on CNN with spatial-temporal saliency guided sampling[J]. Neurocomputing, 2017, 257(27): 115-127.

[4] Gao Y, Shi M J, Tao D C, et al. Database saliency for fast image retrieval[J]. IEEE Transactions on Multimedia, 2015, 17(3): 359-369.

[5] Xu Z M, Hu R M, Chen J, et al. Action recognition by saliency-based dense sampling[J]. Neurocomputing, 2016, 236(2): 82-92.

[6] Wang X F, Qi C. Saliency-based dense trajectories for action recognition using low-rank matrix decomposition[J]. Journal of Visual Communication & Image Representation, 2016, 41: 361-374.

[7] Cai Y F, Liu Z, Wang H, et al. Saliency-based pedestrian detection in far infrared images[J]. IEEE Access, 2017, 5(99): 5013-5019.

[8] Zhao R, Ouyang W L, Wang X G. Person re-identification by saliency learning[J]. IEEE Transactions on Pattern Analysis & Machine Intelligence, 2016, 39(2): 356-370.

[9] 徐涛，贾松敏，张国梁. 基于协同显著性的服务机器人空间物体快速定位方法[J]. 机器人，2017, 39(3): 307-315.

[10] Jia S, Zhang Y. Saliency-based deep convolutional neural network for no-reference image quality assessment[J]. Multimedia Tools & Applications, 2017, (1): 1-14.

[11] Itti L, Koch C, Niebur E. A model of saliency-based visual attention for rapid scene analysis [J]. IEEE Transactions on Pattern Analysis and Machine Intelligence, 1998, 20(11): 1254-1259.

[12] Qian X L, Han J W, Cheng G, et al. Optimal contrast based saliency detection[J]. Pattern

Recognition Letters,2013,34(11):1270-1278.

[13] Vikram T N,Tscherepanow M,Wrede B. A saliency map based on sampling an image into random rectangular regions of interest[J]. Pattern Recognition,2012,45(9):3114-3124.

[14] Cheng M M, Zhang G X, Mitra N J, et al. Global contrast based salient region detection [C]//IEEE Conference on Computer Vision and Pattern Recognition,2011:409-416.

[15] Li H L, Xu L F, Liu G H. Two-layer average-to-peak ratio based saliency detection[J]. Signal Processing:Image Communication,2013,28(1):55-68.

[16] Yan Q,Xu L,Shi J P,et al. Hierarchical saliency detection[C]//IEEE Conference on Computer Vision and Pattern Recognition,2013:1155-1162.

[17] Perazzi F,Krahenbuhl P,Pritch Y,et al. Saliency filters:Contrast based filtering for salient region detection[C]//IEEE Conference on Computer Vision and Pattern Recognition,2012:733-740.

[18] Yan J C,Zhu M Y,Liu H X,et al. Visual saliency detection via sparsity pursuit[J]. Signal Processing Letters,2010,17(8):739-742.

[19] Shen X H, Wu Y. A unified approach to salient object detection via low rank matrix recovery[C]//IEEE Conference on Computer Vision and Pattern Recognition,2012:853-860.

[20] Shi J P, Yan Q, Xu L, et al. Hierarchical image saliency detection on extended CSSD[J]. IEEE Transactions on Pattern Analysis and Machine Intelligence,2016,38(4):717-729.

[21] Xu X,Mu N,Chen L,et al. Hierarchical salient object detection model using contrast-based saliency and color spatial distribution[J]. Multimedia Tools & Applications,2016,75(5):2667-2679.

[22] 周飞燕,金林鹏,董军. 卷积神经网络研究综述[J]. 计算机学报,2017,40(6):1229-1251.

[23] Li G B,Yu Y Z. Visual saliency based on multiscale deep features[C]//IEEE Conference on Computer Vision and Pattern Recognition,2015:5455-5463.

[24] Li G B,Yu Y Z. Deep Contrast learning for salient object detection[C]//IEEE Conference on Computer Vision and Pattern Recognition,2016:478-487.

[25] Liu N, Han J W. DHSNet: Deep hierarchical saliency network for salient object detection[C]//IEEE Conference on Computer Vision and Pattern Recognition,2016:678-686.

[26] Kuen J, Wang Z H, Wang G. Recurrent attentional networks for saliency detection[C]//IEEE Conference on Computer Vision and Pattern Recognition,2016:3668-3677.

[27] Hou X D,Zhang L Q. Saliency detection: A spectral residual approach[C]//IEEE Conference on Computer Vision and Pattern Recognition,2007:1-8.

[28] Achanta R,Hemami S,Estrada F,et al. Frequency-tuned salient region detection[C]//IEEE Conference on Computer Vision and Pattern Recognition,2009:1597-1604.

[29] Bruce N D B,Tsotsos J K. Saliency,attention,and visual search: An information theoretic approach[J]. Journal of Vision,2009,9(3):5,1-24.

[30] Zhang L, Tong M H, Marks T K, et al. SUN: A Bayesian framework for saliency using natural statistics[J]. Journal of Vision,2008,8(7):32:1-20.

[31] Itti L, Dhavale N, Pighin F. Realistic avatar eye and head animation using a neurobiological model of visual attention[C]//Proceedings of SPIE, 2004, (5200): 64-78.

[32] Le Meur O, Thoreau D, Le Callet P, et al. A spatio-temporal model of the selective human visual attention[C]//IEEE International Conference on Image Processing, 2005, 3: 88-91.

[33] Zhai Y, Shah M. Visual attention detection in video sequences using spatiotemporal cues [C]//Proceedings of the 14th Annual ACM International Conference on Multimedia, 2006: 815-824.

[34] You J Y, Liu G Z, Li H L. A novel attention model and its application in video analysis[J]. Applied Mathematics and Computation, 2007, 185(2): 963-975.

[35] Yubing T, Cheikh F A, Guraya F F E, et al. A spatio temporal saliency model for video surveillance[J]. Cognitive Computation, 2011, 3(1): 241-263.

[36] Liu C, Yuen P C, Qiu G. Object motion detection using information theoretic spatio-temporal saliency[J]. Pattern Recognition, 2009, 42(11): 2897-2906.

[37] Wei Y C, Wen F, Zhu W J, et al. Geodesic saliency using background priors[C]//Proceedings of European Conference on Computer Vision, 2012: 29-42.

[38] Zheng Z L, Yang F, Tan W N, et al. Gabor feature-based face recognition using supervised locality preserving projection[J]. Signal Processing, 2007, 87(10): 2473-2483.

[39] Jolliffe I. Principal Component Analysis[M]. Berlin: Springer, 2002.

[40] Hastie T, Tibshirani R, Friedman J, et al. The elements of statistical learning: Data mining, inference and prediction[J]. The Mathematical Intelligencer, 2005, 27(2): 83-85.

[41] Roweis S T, Saul L K. Nonlinear dimensionality reduction by locally linear embedding[J]. Science, 2000, 290(5500): 2323-2326.

[42] Tenenbaum J B, de Silva V, Langford J C. A global geometric framework for nonlinear dimensionality reduction[J]. Science, 2000, 290(5500): 2319-2323.

[43] Belkin M, Niyogi P. Laplacian eigenmaps and spectral techniques for embedding and clustering[C]//Proceedings of NIPS, 2001, 14: 585-591.

[44] Yan S C, Xu D, Zhang B Y, et al. Graph embedding and extensions: A general framework for dimensionality reduction[J]. IEEE Transactions on Pattern Analysis and Machine Intelligence, 2007, 29(1): 40-51.

[45] Chen H T, Chang H W, Liu T L. Local discriminant embedding and its variants[C]//IEEE Computer Society Conference on Computer Vision and Pattern Recognition, 2005, 2: 846-853.

[46] Xu Y, Zhong A N, Yang J, et al. LPP solution schemes for use with face recognition[J]. Pattern Recognition, 2010, 43(12): 4165-4176.

[47] Yi Y G, Zhang B X, Kong J, et al. An improved locality sensitive discriminant analysis approach for feature extraction[J]. Multimedia Tools and Applications, 2015, 74(1): 85-104.

[48] Chang C C, Lin C J. LIBSVM: A library for support vector machines[J]. ACM Transactions on Intelligent Systems and Technology, 2011, 2(3): 27.

[49] Yang C, Zhang L H, Lu H C, et al. Saliency detection via graph-based manifold ranking [C]//IEEE Conference on Computer Vision and Pattern Recognition, 2013: 3166-3173.

[50] Treisman A M, Gelade G. A feature-integration theory of attention[J]. Cognitive Psychology, 1980, 12(1): 97-136.

[51] Feng Y F, Xiao J, Zhuang Y T, et al. Adaptive unsupervised multi-view feature selection for visual concept recognition[C]//Asian Conference on Computer Vision, 2012: 343-357.

[52] Wang Y, Cheema M A, Lin X, et al. Multi-manifold ranking: Using multiple features for better image retrieval [C]//Advances in Knowledge Discovery and Data Mining, 2013: 449-460.

[53] Zhou D, Weston J, Gretton A, et al. Ranking on data manifolds[J]. Advances in Neural Information Processing Systems, 2004, 16: 169-176.

[54] Achanta R, Shaji A, Smith K, et al. Slic superpixels [R]. Technical Report, EPFL, 149300, 2010.

[55] Wolfe J M, Horowitz T S. What attributes guide the deployment of visual attention and how do they do it? [J]. Nature Reviews Neuroscience, 2004, 5(6): 495-501.

[56] Achanta R, Susstrunk S. Saliency detection using maximum symmetric surround[C]// Proceedings of IEEE International Conference on Image Processing, 2010: 2653-2656.

[57] Goferman S, Zelnik-Manor L, Tal A. Context-aware saliency detection[J]. IEEE Transactions on Pattern Analysis and Machine Intelligence, 2012, 34(10): 1915-1926.

[58] Achanta R, Estrada F, Wils P, et al. Salient region detection and segmentation[C]//Proceedings of International Conference on Computer Vision Systems, 2008: 66-75.

[59] Xiao Y, Wang L M, Jiang B, et al. A global and local consistent ranking model for image saliency computation[J]. Journal of Visual Communication and Image Representation, 2017, 46: 199-207.

[60] Swain M J, Ballard D H. Color indexing[J]. International Journal of Computer Vision, 1991, 7(1): 11-32.

[61] Feichtinger H G, Strohmer T. Gabor Analysis and Algorithms: Theory and Applications [M]. Berlin: Springer, 1998.

[62] Liu T, Yuan Z J, Sun J, et al. Learning to detect a salient object[J]. IEEE Transactions on Pattern Analysis and Machine Intelligence, 2011, 33(2): 353-367.

[63] Ma Y F, Zhang H J. Contrast-based image attention analysis by using fuzzy growing[C]// Eleventh ACM International Conference on Multimedia, 2003: 374-381.

[64] Mai L, Niu Y Z, Liu F. Saliency aggregation: A data-driven approach[C]//IEEE Conference on Computer Vision and Pattern Recognition, 2013: 1131-1138.

[65] Chang K Y, Liu T L, Chen H T, et al. Fusing generic objectness and visual saliency for salient object detection[C]//International Conference on Computer Vision, 2011: 914-921.

[66] Fang Y M, Chen Z Z, Lin W S, et al. Saliency detection in the compressed domain for adaptive image retargeting[J]. IEEE Transactions on Image Processing, 2012, 21(9):

3888-3901.

[67] Harel J, Koch C, Perona P. Graph-based visual saliency[C]//Advances in Neural Information Processing Systems, 2006, 19: 545-552.

[68] Borji A, Sihite D N, Itti L. Salient object detection: A benchmark[C]//Proceedings of European Conference on Computer Vision, 2012: 414-429.

[69] Cong Y, Yuan J S, Liu J. Sparse reconstruction cost for abnormal event detection[C]//IEEE Conference on Computer Vision and Pattern Recognition, 2011: 3449-3456.

[70] Cong Y, Yuan J S, Liu J. Abnormal event detection in crowded scenes using sparse representation[J]. Pattern Recognition, 2013, 46(7): 1851-1864.

[71] Zhu X B, Liu J, Wang J Q, et al. Sparse representation for robust abnormality detection in crowded scenes[J]. Pattern Recognition, 2014, 47(5): 1791-1799.

[72] Mehran R, Oyama A, Shah M. Abnormal crowd behavior detection using social force model [C]//IEEE Conference on Computer Vision and Pattern Recognition, 2009: 935-942.

[73] Kim J, Grauman K. Observe locally, infer globally: A space-time MRF for detecting abnormal activities with incremental updates[C]//IEEE Conference on Computer Vision and Pattern Recognition, 2009: 2921-2928.

[74] Mahadevan V, Li W X, Bhalodia V, et al. Anomaly detection in crowded scenes[C]//IEEE Conference on Computer Vision and Pattern Recognition, 2010: 1975-1981.

[75] Adam A, Rivlin E, Shimshoni I, et al. Robust real-time unusual event detection using multiple fixed-location monitors[J]. IEEE Transactions on Pattern Analysis and Machine Intelligence, 2008, 30(3): 555-560.

[76] Cong Y, Yuan J S, Tang Y D. Video anomaly search in crowded scenes via spatio-temporal motion context[J]. IEEE Transactions on Information Forensics and Security, 2013, 8(10): 1590-1599.

[77] Liu P, Tao Y, Zhao W, et al. Abnormal crowd motion detection using double sparse representation[J], Neurocomputing, 2017, 269(20): 3-12.

第5章　基于约束稀疏表示的视频异常事件检测

5.1　引　　言

近年来稀疏表示理论已经成了图像处理、计算机视觉分析、模式识别、控制等国内外学术界的重点研发方向，本章主要对两种基于稀疏表示的算法进行分析，在此基础上提出本章的异常事件检测算法——基于约束稀疏表示(constrained sparse representation，CSR)的异常事件检测算法。CSR算法的主要优势在于将稀疏表示和局部性约束整合成一个统一的框架，使得提出的CSR算法在充分利用稀疏编码思想的同时考虑了相邻视频帧之间的关联性。

5.2　基于重构的异常检测算法分析

基于重构的异常事件检测算法利用训练样本集训练一个回归模型进而借助模型及其参数的估计，该模型是由正常样本创建的，将与该模型不符的样本判定为异常样本。在该方法中通过对目标函数的稀疏求解得到更新后的字典和训练稀疏编码系数。为了更好地进行稀疏表示，通常要对稀疏编码系数的稀疏度进行约束；然后利用稀疏编码系数和字典原子重构样本数据；最后通过数据的重构误差判别测试样本是否为异常事件。

1. Cong等提出的算法

Cong等[1,2]提出利用稀疏重构的思想进行异常事件检测。在该方法中主要利用正常的样本构建过完备字典 B，利用 B 中基底的稀疏线性组合对新来的测试样本 y 进行重构：

$$s^* = \arg\min \frac{1}{2} \| y - Bs \|_2^2 + \lambda \| s \|_1 \tag{5.1}$$

式中，s^* 为重构系数。利用稀疏重构代价(sparse reconstruction cost，SRC)函数进行异常性度量：

$$\mathrm{SRC} = \frac{1}{2} \| y - Bs^* \|_2^2 + \lambda \| s^* \|_1 \tag{5.2}$$

在进行异常事件检测时，通常会设定阈值，判断 SRC 与阈值的大小，若 SRC 超过阈值，则说明是异常样本，否则为正常样本。

2. 基于分类的稀疏表示算法

2009 年，Wright 等[3]提出了基于分类稀疏表示的鲁棒人脸识别方法，该方法在噪声和遮挡环境下具有较好的识别效果。该算法是基于同一类别的样本均来自同一个线性子空间的假设，在此可以根据这一假设通过属于同类的训练样本对每一个测试样本进行线性重构，即寻找测试样本在字典中的最稀疏的原子表示。对于每一个测试视频帧，首先基于该算法的基本思想，将测试样本表示成全部训练样本的线性组合，分类阶段则主要依据最小重构误差进行。

该算法的具体步骤如下。

(1) 利用所有训练数据构造字典 $A=[A_1 \quad A_2 \quad \cdots \quad A_K]\in \mathrm{R}^{m\times n}$，测试样本 $y\in \mathrm{R}^m$，误差容限 $\varepsilon>0$。

(2) 采用 l_2 范数对字典 A 进行列归一化。

(3) 解决 l_1 范数最小化问题：

$$\hat{x}_1=\arg\min_x \| x \|_1, \quad \text{s. t. } Ax=y \tag{5.3}$$

等价于

$$\hat{x}_1=\arg\min_x \| x \|_1, \quad \text{s. t. } \| Ax-y \|_2\leqslant\varepsilon \tag{5.4}$$

(4) 计算重构误差量：

$$r_i(y)=\| y-A\delta_i(\hat{x}_1) \|_2 \tag{5.5}$$

式中，$i=1,2,\cdots,k$，$\delta_i(x)=[b_{i,1} \quad b_{i,2} \quad \cdots \quad b_{i,n_i}]^{\mathrm{T}}$ 表示对应 i 类样本的系数。

(5) 对测试样本进行归类。测试样本属于残差最小的那一类：

$$\text{identity}(y)=\arg\min_i r_i(y) \tag{5.6}$$

与常规方法不同的是基于稀疏分类的异常事件检测方法是不需要训练的。例如，在基于稀疏表示的异常事件检测应用中，稀疏表示用的字典可以直接由训练所用的全部视频帧构成。之前的一些基于 SRC 的异常事件检测算法也通过实验证实该方法的有效性。

虽然该算法具有以上优点，但是它仍存在以下不足[3]。

(1) 对于一个给定的测试样本，首先利用数据库中的全部训练样本构造字典，然后利用该字典来稀疏重构测试样本。通常情况下，该算法的求解是比较耗时的。

(2) 传统的 SRC 算法没有字典学习过程，而是采用训练样本作为字典进行测试样本的重构，这也将启发本书如何学习更合适的字典以进行更好的异常事件检测。

3. K-SVD 字典学习算法

鉴于以上提到的 SRC 算法的两点主要不足，越来越多的字典学习算法也应用到了基于稀疏表示的异常事件检测方法中，其中检测效果较好的方法当属 K-SVD 算法。众所周知，自 2006 年，K-SVD[4]算法被提出以来，该算法对于训练高效的字典一直具有很好的应用。文献[5]利用 K-SVD 算法通过一个训练样本集学习到一个过完备字典，进而取得很好的实验效果。K-SVD 算法通常包含稀疏编码和字典更新两个阶段。

K-SVD 算法主要是利用以下目标函数进行字典求解：

$$\min_{D,X}\| Y-DX \|_F^2 \quad \text{s. t. } \forall i, \| x_i \|_0 \leqslant T_0 \tag{5.7}$$

式中，Y 为所有输入训练样本矩阵(即正常视频帧)；T_0 为一个预先设置的稀疏度参数；字典 D 的每一列进行了列标准化操作；X 为稀疏编码矩阵。在稀疏编码阶段，K-SVD 算法通常采用 BP[6]、OMP[7]等追踪算法对系数矩阵进行求解。在字典更新阶段，K-SVD 目标函数为

$$\| Y-DX \|_F^2 = \| Y-\sum_{j=1}^{m} d_j x_j^{\mathrm{T}} \|_F^2 = \| (Y-\sum_{j\neq j_0}^{m} d_j x_j^{\mathrm{T}})-d_{j_0} x_{j_0}^{\mathrm{T}} \|_F^2 \tag{5.8}$$

式中，x_j 为系数矩阵 X 的第 j 行；将要更新的目标为字典的第 j_0 个原子 d_{j_0}。

式(5.8)把首先 DX 分解为 m 个秩为 1 的矩阵的和(其中，$E_{j_0}=Y-\sum_{j\neq j_0}^{m} d_j x_j^{\mathrm{T}}$ 表示去掉原子 x_{j_0} 在所有样本中产生的误差)；然后对 E_{j_0} 进行奇异值分解以进行字典更新。

K-SVD 算法在字典原子的更新阶段具有很好的收敛性，并且针对干扰具有良好的稳定性。在图像去噪及图像压缩方面得到了很好的运用。然而，K-SVD 算法的目标函数只考虑了重构误差和稀疏系数矩阵，忽略了输入样本的内在几何结构(在进行视频异常事件检测时要考虑相邻两个视频帧之间的关联性)，这将导致所学习到的字典对于分类来说并不是最佳的，可以做进一步改进。

相对于 SRC 算法的无字典学习，K-SVD 算法在字典学习方面确实有了很大的提高，但是在对应的检测任务中，并没有考虑相邻两个视频帧之间的相互关联，为了更好地保留高维空间中样本数据的局部结构信息，本章提出了基于约束稀疏表示的异常事件检测算法，图 5.1 展示了基于约束稀疏表示的视频异常事件检测算法流程。

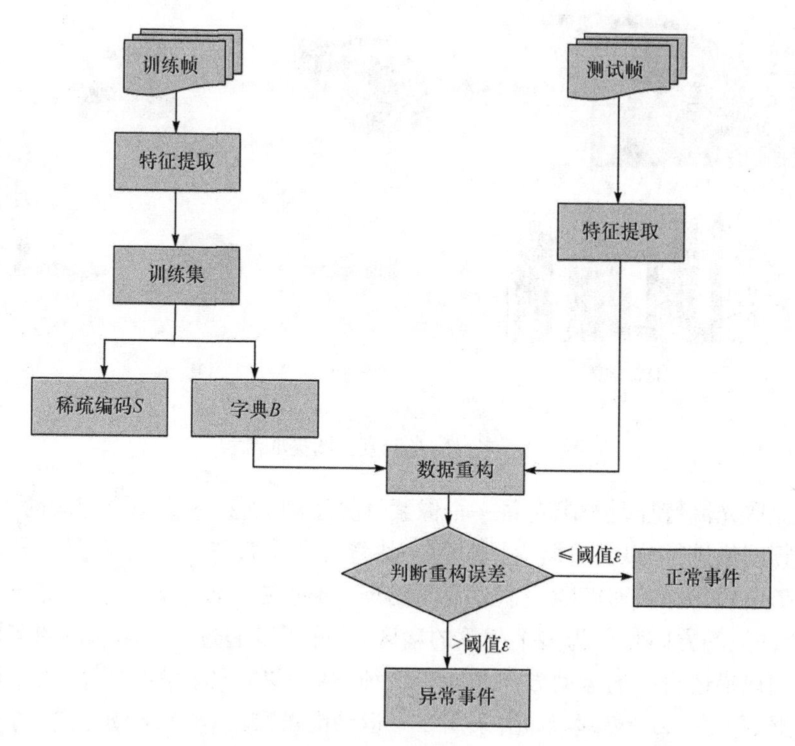

图 5.1　基于稀疏表示的视频异常事件检测算法流程图

5.3　运动特征提取

视频数据区别于其他数据的是视频属于动态的一个过程，视频数据能够反映场景中对象及场景的变化。在本研究中，异常行为往往表现为对象的快速运动和运动对象的突然加速或减速。因此，运动是视频中最重要的信息，而光流是用于描述瞬时运动的最重要工具之一。光流是亮度模式运动的表观速度在图像中的分布情况。用光流来描述运动场景，可以表现出运动的方向和幅度。光流法是非常具有代表性的一种动态特征描述方法。Cong 等[2]针对不同尺度的光流进行了分开统计，并在此基础上引入了多尺度光流直方图的概念。多尺度光流直方图特征不仅能够像传统的光流直方图一样描述运动信息，还保留了空间内容信息。本章使用多尺度光流直方图统计方法进行运动特征的提取。具体过程如图 5.2 所示，其中(a)是原始的连续视频帧，(b)是分块处理后的每一个图像块，(c)是图像块的光流特征效果图，(d)是按照 8 个运动方向和 2 个运动尺度将图像块的光流特征划分的 16 个空间区域，(e)是从一个基本单元提取的光流直方图。

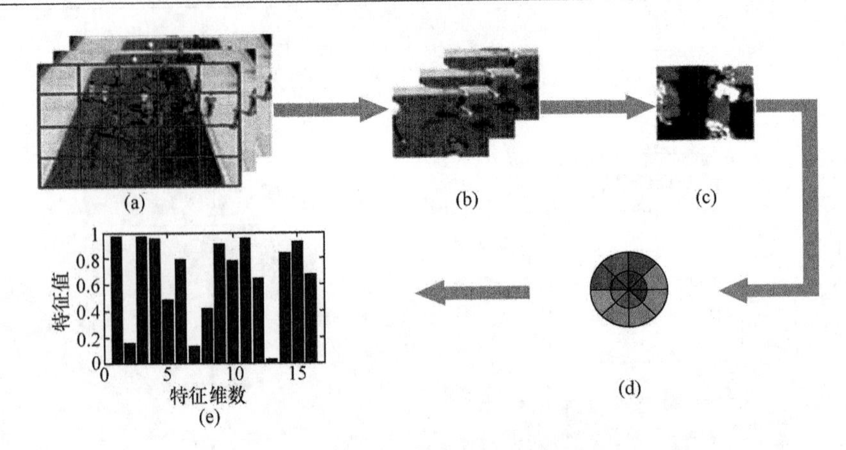

图 5.2 多尺度光流直方图提取流程

在提取光流特征时要求对每一个像素计算运动矢量，这是一个庞大的工程，首先对视频图像进行分块处理，再针对每一块统计其多尺度光流直方图。异常事件往往伴随位置、方向、速度的快速改变而出现，因此在运动方向上本节将光流场中[0,360)的运动方向划分为多个相等的扇区，这样可以通过对运动能量的多尺度划分更详细地描述目标的运动方向和能量特征，达到更好的检测效果。在本章中将视频数据划分为 20 个基本单元，采用 2 个运动能量尺度，8 个运动方向，每一个单元都可以提取 16 维样本特征，最终每个视频帧的特征维数为 320。

5.4 约束稀疏表示在异常事件检测中的应用

基于约束稀疏表示的异常事件检测算法自提出以来就在异常事件检测中得到了广泛关注，同时其在人工智能等许多领域也取得了较好的效果。简要地说，稀疏表示其实就是将原始信号进行分解的一种过程。本章引入稀疏表示方法进行异常事件检测，利用正常样本构建一个过完备字典，在此基础上加入局部结构约束，最终通过稀疏重构代价进行异常事件检测。

5.4.1 模型构建

给定训练样本集 $X=[x_1 \quad x_2 \quad \cdots \quad x_n]\in \mathrm{R}^{m\times n}$，其中 n 为训练样本个数，m 为特征空间维数；字典 $B=[b_1 \quad b_2 \quad \cdots \quad b_k]\in \mathrm{R}^{m\times k}$，其中 b_i 为字典中的第 i 个原子。

首先，最小化目标函数式(5.9)，使学到的字典 B 尽可能稀疏重构特征 X：

$$\begin{aligned}&\min \| X-BS \|_F^2+\lambda\sum_{i=1}^{n}|s_i|\\&\text{s.t. } \| b_i \|_2^2\leqslant 1,\quad \forall i=1,2,\cdots,k\end{aligned}\tag{5.9}$$

式中，$S=[s_1 \quad s_2 \quad \cdots \quad s_n]\in \mathrm{R}^{k\times n}$ 为系数矩阵；每一个编码向量 s_i 为一幅图像 x_i 的稀疏编码系数；λ 为平衡参数；$\| b_i \|_2^2\leqslant 1, \forall i=1,2,\cdots,k$ 是为了减少每个字典原子的复杂度。

式(5.9)中的目标函数与 K-SVD 算法相似，因此得到的字典及稀疏编码矩阵同样不能保持训练数据的局部特性及相邻视频帧之间的关联。受传统的局部线性嵌入(LLE)[8]算法的启发，在此利用重构系数来发现输入数据的几何结构，换句话说，假设对于第 i 个样本 x_i，它的稀疏编码向量可以通过 x_i 的 K 个近邻样本的稀疏编码向量来表示。因此，为了在稀疏编码阶段保持数据的局部几何结构，约束稀疏表示的第二个目标函数可以表示为

$$\min_{s}\sum_{i=1}^{n}\| s_i - \sum_{j=1}^{K} w_{ij} s_j \|^2 \tag{5.10}$$

式中，w_{ij} 为重构系数，可由以下公式计算得出：

$$\begin{aligned}&\min_{W}\sum_{i=1}^{n}\| x_i - \sum_{j\in N_K(x_i)} w_{ij} x_j \|^2\\&\text{s.t.} \sum_{j\in N_K(x_i)} w_{ij} = 1\end{aligned} \tag{5.11}$$

式中，$N_K(x_i)$为样本 x_i 的 K 个近邻样本集。

通过简单运算，式(5.11)可以重写为如下形式：

$$\begin{aligned}&\min_{s}\sum_{i=1}^{n}\| s_i - \sum_{j=1}^{K} w_{ij} s_j \|^2\\&=\sum_{i=1}^{n}\| s_i - sW_i \|^2\\&=\mathrm{tr}\Big(S\sum_{i=1}^{n}(I_i-W_i)(I_i-W_i)^{\mathrm{T}}S^{\mathrm{T}}\Big)\\&=\mathrm{tr}(S(I-W)(I-W)^{\mathrm{T}}S^{\mathrm{T}})\\&=\mathrm{tr}(SZS^{\mathrm{T}})\end{aligned} \tag{5.12}$$

式中，$Z=(I-W)(I-W)^{\mathrm{T}}$。

最终将式(5.12)得到的约束整合到式(5.9)中，可以得到约束稀疏表示最终的目标函数：

$$\begin{aligned}&\min_{B,S}\| X - BS \|_F^2+\alpha\mathrm{tr}(SZS^{\mathrm{T}})+\lambda\sum_{i=1}^{n}| s_i |\\&\text{s.t.} \| b_i \| \leqslant c, \quad \forall i = 1,2,\cdots,K\end{aligned} \tag{5.13}$$

式中，α 为平衡参数。

通过求解以上目标函数，可以得到字典 B 和稀疏编码系数 S。

5.4.2　目标函数求解

式(5.13)中的目标函数含有 l_1 范数，它是不光滑的，因此不能得到封闭解。参考文献[9]，本节采用迭代更新的优化策略，即固定一个变量，求解另一个变量，直至整个函数收敛。当固定字典 B 求解稀疏编码系数 S 时，目标函数可以简化为

$$\min_{S} \| X - BS \|_F^2 + \alpha \mathrm{tr}(SZS^{\mathrm{T}}) + \lambda \sum_{i=1}^{n} | s_i | \tag{5.14}$$

值得注意的是，当 $s_i=0$ 时式(5.14)是不可微的，因此无法使用那些标准的无限制的优化策略。文献[10]～[15]针对该问题已提出了很多行之有效的解决办法，在此主要使用坐标下降优化策略来求解式(5.14)。在该优化方法中，主要通过保持其他向量 $\{s_j\}_{j\neq i}$ 固定不变来逐个地对 s_i 进行更新。为了方便，此处将式(5.14)重写为向量的形式：

$$\min_{\{s_i\}} \sum_{i=1}^{n} \| x_i - Bs_i \|_F^2 + \alpha \sum_{i,j=1}^{n} Z_{ij} s_i^{\mathrm{T}} s_j + \lambda \sum_{i=1}^{n} | s_i | \tag{5.15}$$

接下来逐个对 s_i 进行优化，所需要优化的方程可以写成

$$\min_{s_i} f(s_i) = \| x_i - Bs_i \|^2 + \alpha Z_{ii} s_i^{\mathrm{T}} s_i + s_i^{\mathrm{T}} h_i + \lambda \sum_{j=1}^{k} | s_i^j | \tag{5.16}$$

式中，$h_i = 2\alpha(\sum_{j\neq i} Z_{ij} s_j)$；$s_i^j$ 为 s_i 的第 j 个元素。

对于式(5.16)，此处采用特征符号搜索(feature-sign search)算法[9]来求解。定义 $g(s_i) = \| x_i - Bs_i \|^2 + \alpha Z_{ii} s_i^{\mathrm{T}} s_i + s_i^{\mathrm{T}} h_i$，则有 $f(s_i) = g(s_i) + \lambda \sum_{j=1}^{k} | s_i^j |$，令 $\nabla_i^j | s_i |$ 为 s_i 的第 j 个分量的偏微分，当 $| s_i^j | > 0$ 时，$\nabla_i^j | s_i | = \mathrm{sgn}(s_i^j)$；当 $| s_i^j | = 0$ 时，$\nabla_i^j | s_i |$ 是不可微的，此时可以在 $\{-1, 1\}$ 中取值，那么获取 $f(s_i)$ 的最小值的优化条件可以表示为

$$\begin{cases} \nabla_i^j g(s_i) + \lambda \mathrm{sgn}(s_i^j) = 0, & | s_i^j | \neq 0 \\ | \nabla_i^j g(s_i) | \leqslant \lambda, & \text{其他} \end{cases} \tag{5.17}$$

但此处应该考虑的是当 $s_i^j = 0$ 并且 $| \nabla_i^j g(s_i) | > \lambda$ 时，$\nabla_i^j f(s_i)$ 的梯度方向该如何选择。首先假设 $\nabla_i^j g(s_i) > \lambda$，这表明无论 $\mathrm{sgn}(s_i^j)$ 取何值，都有 $\nabla_i^j f(s_i) > 0$。只要减小 s_i^j 就可以达到减小 $f(s_i)$ 的目的，但此时 $s_i^j = 0$，若再对其调整，则会使其变成负数，所以此处直接令 $\mathrm{sgn}(s_i^j) = -1$，同样，如果 $\nabla_i^j g(s_i) < -\lambda$，那么直接令 $\mathrm{sgn}(s_i^j) = 1$。由于已知 s_i^j 的符号，因此每一项 $| s_i^j |$ 均可用 s_i^j(若 $s_i^j > 0$)$-s_i^j$(若 $s_i^j < 0$)或者 0(若 $s_i^j = 0$)来代替。这样，式(5.16)可以转化为一个无约束的二次优化(quadratic optimization，QP)问题，该问题可以高效地得以解决。因此，学习稀疏编码系数的过程如下：

(1) 对于 s_i，搜索其元素的符号 $s_i^j: j\in[1,K]$；

(2) 通过求解式(5.16)等价的 QP 问题，找出使该目标方程最小化的最优编码 s_i^*；

(3) 返回学习到的最优编码矩阵 $S^*=[s_1^* \quad s_2^* \quad \cdots \quad s_n^*]$。

算法中始终保持有一个激活集 $A=\{j \mid s_i^j=0, |\nabla_i^j g(s_i)|>\lambda\}$，$A$ 记录了非零系数及对应的符号，在更新 s_i 的同时保证符号向量 $\theta=[\theta_1 \quad \theta_2 \quad \cdots \quad \theta_K]$，并且系统地搜索最佳的激活集和系数符号，进而最小化目标函数式(5.16)，在每一次激活中，使用那些当前值为零同时又严重违背最优化条件 $|\nabla_i^j g(s_i)|\leqslant\lambda$ 的系数，并将这些系数添加到激活集中。在每一个特征符号搜索阶段：①给出激活集的当前值和符号，对于 s_i^{new} 计算出无约束的二次优化问题的最优解；②更新当前解与 s_i^{new} 之间的最优解、激活集及符号。

当完成了编码 S 的学习后，即可固定 S 来学习 B，而这只需要求解如下 l_2 约束优化问题：

$$\begin{aligned}&\min_B \|X-BS\|_F^2\\&\text{s.t. } \|b_i\|^2\leqslant 1, \quad \forall i=1,2,\cdots,K\end{aligned} \tag{5.18}$$

针对式(5.18)，文献[9]和[10]也提出了相应的解决方案，如迭代投影梯度下降法[15]，在本章中使用拉格朗日对偶来求解式(5.18)。

令 $\lambda=[\lambda_1 \quad \lambda_2 \quad \cdots \quad \lambda_K]$，并且 λ_i 为第 i 个不等式约束 $\|b_i\|^2-c\leqslant 0$ 的拉格朗日乘子，那么式(5.15)的拉格朗日对偶函数为

$$\begin{aligned}g(\lambda) &= \inf_B L(B,\lambda)\\&=\inf_B\left(\|X-BS\|_F^2+\sum_{i=1}^k\lambda_i(\|b_i\|^2-c)\right)\end{aligned} \tag{5.19}$$

令 Λ 为一个 $K\times K$ 的对角矩阵，对角元素为 $\Lambda=\lambda_i$。$L(B,\lambda)$可以表示为

$$\begin{aligned}L(B,\lambda)&=\|X-BS\|_F^2+\text{tr}(B^{\text{T}}B\Lambda)-c\,\text{tr}(\Lambda)\\&=\text{tr}(X^{\text{T}}X)-2\text{tr}(B^{\text{T}}XS^{\text{T}})\\&\quad+\text{tr}(S^{\text{T}}B^{\text{T}}BS)+\text{tr}(B^{\text{T}}B\Lambda)-c\,\text{tr}(\Lambda)\end{aligned} \tag{5.20}$$

通过对式(5.20)进行一阶求导并令导数等于 0，则可得到

$$B^*SS^{\text{T}}-XS^{\text{T}}+B^*\Lambda=0 \tag{5.21}$$

进而得到优化解 B^*：

$$B^*=XS^{\text{T}}(SS^{\text{T}}+\Lambda)^{-1} \tag{5.22}$$

将式(5.22)得到的结果 B^* 代入式(5.20)拉格朗日对偶函数为

$$\begin{aligned}g(\lambda)&=\text{tr}(X^{\text{T}}X)-2\text{tr}(XS^{\text{T}}(SS^{\text{T}}+\Lambda)^{-1}SX^{\text{T}})\\&\quad-c\,\text{tr}(\Lambda)+\text{tr}((SS^{\text{T}}+\Lambda)^{-1}SX^{\text{T}}XS^{\text{T}})\\&=\text{tr}(X^{\text{T}}X)-\text{tr}(XS^{\text{T}}(SS^{\text{T}}+\Lambda)^{-1}SX^{\text{T}})-c\,\text{tr}(\Lambda)\end{aligned} \tag{5.23}$$

由此可得以下拉格朗日函数：

$$\begin{aligned}&\min_{\Lambda} \operatorname{tr}(XS^{\mathrm{T}}(SS^{\mathrm{T}}+\Lambda)^{-1}SX^{\mathrm{T}})+c\operatorname{tr}(\Lambda)\\&\text{s.t.}\ \lambda_i\geqslant 0,\quad i=1,2,\cdots,K\end{aligned} \tag{5.24}$$

式(5.24)可以通过牛顿法或共轭梯度法来求解。Λ^* 为所求得的优化解，则 $B^*=XS^{\mathrm{T}}(SS^{\mathrm{T}}+\Lambda^*)^{-1}$，由此可以得到最终的优化解 B^*。算法 5.1 给出了对于目标函数优化过程的具体步骤。

算法 5.1 约束稀疏表示目标函数优化算法

输入：输入数据 X，近邻大小 K，平衡参数 α 和 β

输出：编码矩阵 S 和字典 B

(1) 初始化字典 B，并令迭代次数 $t=1$；

(2) 通过式(5.12)更新权重 W；

(3) 根据 $Z=(I-W)(I-W)^{\mathrm{T}}$ 求解矩阵 Z；

(4) 通过式(5.16)并结合特征符号搜索算法更新编码矩阵 S；

(5) 通过式(5.18)并结合拉格朗日对偶算法更新字典 B；

(6) 迭代：$t=t+1$，直到收敛。

5.4.3 收敛性分析

本节主要分析优化算法的收敛性。由以上目标函数的求解可以看出优化过程分为两个步骤：式(5.14)与式(5.18)。对于第一个子问题式(5.14)，可以证明通过特征符号搜索算法能够得到式(5.16)的全局最优解[9]。对于第二个子问题式(5.18)，可通过拉格朗日对偶方法[9]得到字典 B 的封闭解，这样看来，在求解 B 之后每次迭代中目标函数的值是递减的。最终，基于约束稀疏表示的目标函数因为式(5.13)中的每一项都不小于零而有一个下限，因此根据柯西收敛准则[16]，本章提出的基于约束稀疏表示的异常事件检测算法是收敛的。

5.4.4 异常事件检测

本节将介绍如何检测一个测试样本是否异常，正如文献[2]和[17]中所提及的，正常样本特征可以由字典中的一些原子来线性重构，而异常样本却不可以。可将该问题用式(5.25)的形式给出：

$$\begin{aligned}&\hat{s}=\min\|y-Bs\|^2\\&\text{s.t.}\ \|s\|_0\leqslant T_0\end{aligned} \tag{5.25}$$

式中，B 为学到的字典。这个问题可以通过正交匹配追踪算法进行求解。在学习测试样本 y 最优的重构权值后，参考文献[1]和[2]中的异常度量准则，即稀疏重构代价：

$$A(y,\hat{s},B)=\| y-B\hat{s} \|^2+\| \hat{s} \|_1 \tag{5.26}$$

最终，对每个测试样本来说，若 SRC 值超过预先设定的阈值，则该测试样本判断为异常，即满足式(5.27)的条件：

$$A(y,\hat{s},B)>\varepsilon \tag{5.27}$$

式中，ε 为预先设定的判断测试样本异常与否的阈值。

5.4.5　实验结果与分析

在实验部分，主要通过全局异常事件检测数据集 UMN[17] 的 3 个视频场景来验证提出的 CSR 算法的有效性。此外，将本章提出的算法与 SRC[3]、K-SVD[4] 及 Cong 等[2] 提出的算法(以下简称 Cong 算法)进行比较，另外对本算法中的每一个参数进行最优验证及参数影响分析。对于全局异常事件检测，所使用的评价指标为帧级 AUC。对于 UNM 数据库，视频场景 1(草地)和视频场景 3(广场)选取前 400 帧作为训练数据，视频场景 2(大堂)选取前 300 帧作为训练数据，剩余视频帧作为测试数据。将每一个图像划分为 4×5 个子区域，并从每个子区域中提取多尺度光流直方图，主要划分为两个尺度的运动能量及 8 个区间的运动方向，每一个基本单元可以提取 16 维特征，最终提取每个视频帧的 320 维特征。

1. 方法对比

针对 3 个不同的视频场景，将本章提出的 CSR 算法与传统 SRC 算法、K-SVD 算法和 Cong 算法进行了比较，结果如表 5.1 所示。

表 5.1　不同检测方法的最优 AUC

检测方法	场景 1	场景 2	场景 3
SRC	97.76	96.31	96.55
Cong	98.91	96.42	96.60
K-SVD	99.48	96.46	98.06
CSR	**99.74**	**96.71**	**98.87**

表 5.1 展示了不同检测方法的 AUC 比较结果。从表中可以看出，本章提出的 CSR 算法虽然同样是基于编码思想，但是该方法的检测效果要优于其他 3 种方法。图 5.3 给出了在 UMN 数据集 3 个场景上的检测结果示意图。

2. 参数分析

首先，确定近邻大小 K、平衡参数 α 和 λ、字典大小 D 及检测阶段的参数稀疏

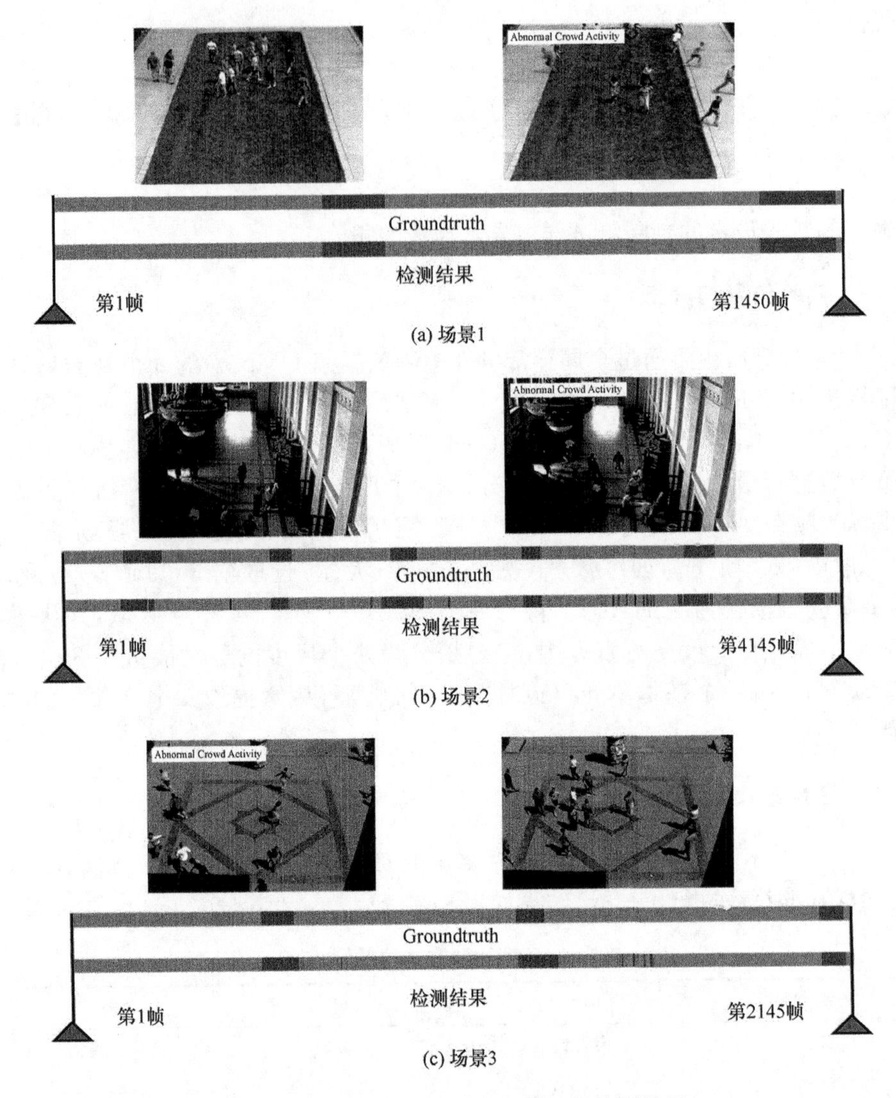

图 5.3　在 UMN 数据集各场景上的检测结果

度 T_0 参数。此处主要对算法中的几个参数进行分析与最优验证，首先评价参数 K 对 CSR 算法性能的影响。参数 K 代表近邻加权图中近邻的大小，由于近邻加权图是用来描述数据的局部几何结构的，因此选择合适的 K 具有重要的意义。由图 5.4 可以看出，当 K 的取值适中(既不是特别大也不是非常小)时，CSR 算法达到最优检测结果，这可能是因为过小的字典不能很好地反映数据流形的局部几何结构，过大的字典将违反局部线性假设。

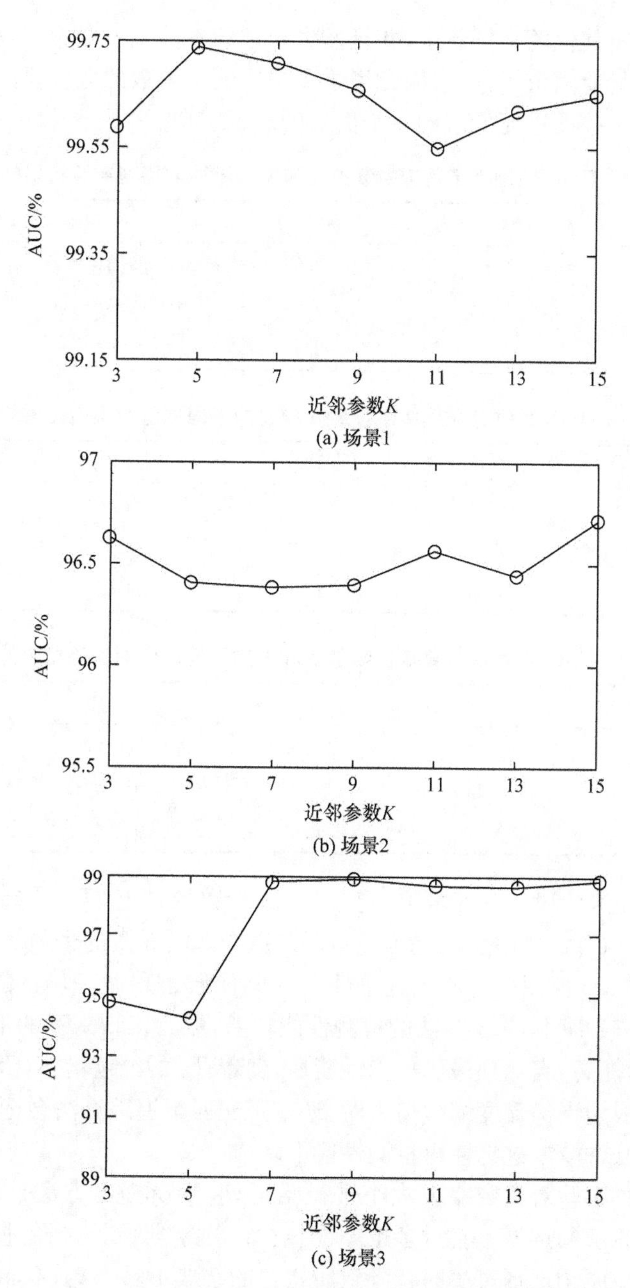

图 5.4　3 个场景中 K 的不同取值对检测性能的影响

其次，评价参数 α 和参数 λ 对 CSR 算法性能的影响。由表 5.2～表 5.4 都能寻到在取得最高 AUC 时所对应的最优参数值。对于场景 1 和场景 3，$\alpha=1$，$\lambda=0.1$。对于场景 2，当两个参数均为 0.001 时 AUC 达到最大值。这主要是由于场景2中的视频较其他两个场景多，并且发生异常的次数也比较频繁，相应正常视频帧的变化要比其他两个场景大，因此场景2中这两个参数的取值要小一些，以强调式(5.13)中的第一项进而学习到一个更好的表示字典。

表5.2　UMN数据库场景1中参数 α 和 λ 的不同取值对实验结果的影响

参数	$\alpha=0.001$	$\alpha=0.01$	$\alpha=0.1$	$\alpha=1$
$\lambda=0.001$	99.63	99.62	99.61	99.66
$\lambda=0.01$	99.64	99.61	99.64	99.62
$\lambda=0.1$	99.58	99.57	99.67	99.74

表5.3　UMN数据库场景2中参数 α 和 λ 的不同取值对实验结果的影响

参数	$\alpha=0.001$	$\alpha=0.01$	$\alpha=0.1$	$\alpha=1$
$\lambda=0.001$	96.71	96.47	96.54	96.28
$\lambda=0.01$	96.42	96.32	96.37	96.24
$\lambda=0.1$	96.53	96.52	96.57	96.32

表5.4　UMN数据库场景3中参数 α 和 λ 的不同取值对实验结果的影响

参数	$\alpha=0.001$	$\alpha=0.01$	$\alpha=0.1$	$\alpha=1$
$\lambda=0.001$	98.63	98.55	98.62	98.83
$\lambda=0.01$	98.75	98.67	98.64	98.58
$\lambda=0.1$	98.81	98.69	98.70	98.87

接着，对检测阶段正交匹配追踪算法中的参数稀疏度(T_0)进行最优验证，T_0在正交匹配追踪算法中表示的是稀疏编码系数中非零元素的个数。针对不同T_0，CSR算法的AUC如图5.5所示。通过图5.5不难发现，每一场景都有最优T_0取值，而且当T_0较小时，CSR算法的检测性能较差，然而，随着T_0的不断增大，检测性能也在不断提高，当达到最优检测性能后，随着T_0的继续增加，CSR的AUC开始下降，这是因为当稀疏度继续增大时，通过正交匹配追踪算法会选择更多的字典原子来表示测试样本，这将使得检测性能下降。

最后，通过实验对参数字典大小进行验证，鉴于所提出方法是基于稀疏表示的，因此字典原子的选择不宜过多也不能过少。当字典原子选择过多时容易造成过冗余，当字典原子选择过少时将导致所构建的字典不够丰富，不能更好地对样本进行稀疏表示。从表5.5中可以看出，实验中字典原子的个数取值均适中时，该方法均达到了AUC的最高值。

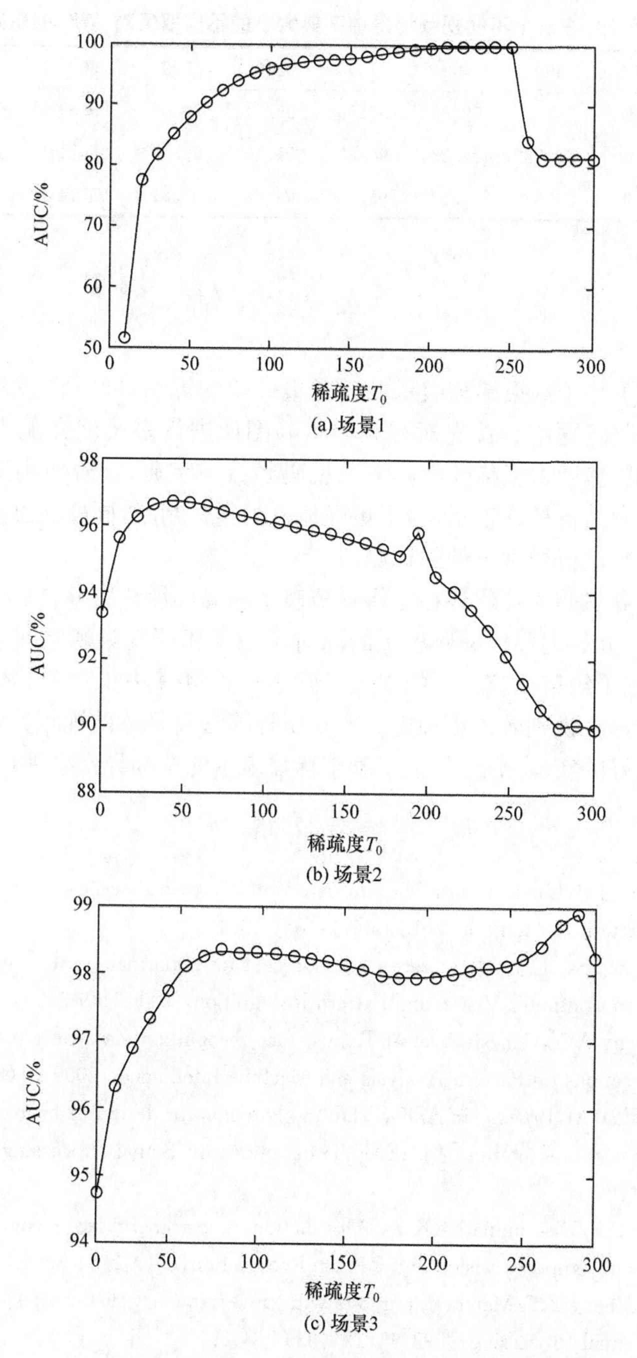

图 5.5 3个场景中稀疏度 T_0 的不同取值对检测性能的影响

表 5.5 在三个不同视频场景中字典大小的不同取值对 AUC 的影响

字典大小	300	350	400	450	500	550	600	650	700
场景 1	99.67	99.57	99.66	99.66	99.74	99.65	99.59	99.67	99.66
场景 2	93.43	92.78	94.23	94.82	95.10	96.47	96.71	94.97	94.19
场景 3	94.78	94.82	94.87	95.10	94.13	98.87	95.14	96.34	96.03

5.5 本章小结

本章提出了基于约束稀疏表示的异常事件检测算法，同时将该算法应用到视频异常事件检测问题中。首先对视频中每帧图像进行多尺度光流直方图特征提取，构成训练集，然后根据稀疏编码学习编码系数与字典，接着使用这个字典对测试帧的特征向量进行稀疏表示，为了更好地进行异常判断，同样通过构建一个稀疏重构代价函数来进行异常事件的检测。

本章所提算法的主要优势在于将稀疏表示和局部性约束整合成一个统一的框架，使得其在充分利用稀疏编码思想的同时考虑了相邻视频帧之间的关联性。实验结果显示，基于约束稀疏表示的视频异常事件检测算法相对于其他基于重构的方法，识别率更高，识别效果更稳定。本章所提算法在具体的视频异常事件检测应用中取得了较好的实验结果，保证了基于稀疏表示的全局异常事件检测的有效性。

参考文献

[1] Cong Y, Yuan J S, Liu J. Abnormal event detection in crowded scenes using sparse representation[J]. Pattern Recognition, 2013, 46(7): 1851-1864.

[2] Cong Y, Yuan J S, Liu J. Sparse reconstruction cost for abnormal event detection[C]//IEEE Conference on Computer Vision and Pattern Recognition, 2011: 3449-3456.

[3] Wright J, Yang A Y, Ganesh A, et al. Robust face recognition via sparse representation[J]. IEEE Transactions on Pattern Analysis and Machine Intelligence, 2009, 31(2): 210-227.

[4] Aharon M, Elad M, Bruckstein A. K-SVD: An algorithm for designing overcomplete dictionaries for sparse representation[J]. IEEE Transactions on Signal Processing, 2006, 54(11): 4311-4322.

[5] Zhang Q, Li B X. Discriminative K-SVD for dictionary learning in face recognition[C]//IEEE Conference on Computer Vision and Pattern Recognition, 2010: 2691-2698.

[6] Mallat S G, Zhang Z F. Matching pursuits with time-frequency dictionaries[J]. IEEE Transactions on Signal Processing, 1993, 41(12): 3397-3415.

[7] Tropp J A. Greed is good: Algorithmic results for sparse approximation[J]. IEEE Transactions on Information Theory, 2004, 50(10): 2231-2242.

[8] Roweis S T, Saul L K. Nonlinear dimensionality reduction by locally linear embedding[J].

Science,2000,290(5500):2323-2326.

[9] Schölkopf B,Platt J,Hofmann T. Efficient sparse coding algorithms[C]//Advances in Neural Information Processing Systems,2006:801-808.

[10] Roth V. The generalized LASSO[J]. IEEE Transactions on Neural Networks,2004,15(1):16-28.

[11] Kim S J,Koh K,Lustig M,et al. An interior-point method for large-scale l_1-regularized least squares[J]. IEEE Journal of Selected Topics in Signal Processing,2007,1(4):606-617.

[12] Andrew G,Gao J F. Scalable training of L1-regularized log-linear models[C]//Proceedings of the 24th International Conference on Machine Learning,2007:33-40.

[13] Perkins S, Lacker K, Theiler J. Grafting: Fast, incremental feature selection by gradient descent in function space[J]. The Journal of Machine Learning Research, 2003, 3(3): 1333-1356.

[14] Schmidt M,Fung G,Rosales R. Fast optimization methods for L1 regularization:A comparative study and two new approaches[C]//Proceedings of the 18th European Conference on Machine Learning,2007:286-297.

[15] Zheng M, Bu J J, Chen C, et al. Graph regularized sparse coding for image representation[J]. IEEE Transactions on Image Processing,2011,20(5):1327-1336.

[16] Rudin W. Principles of Mathematical Analysis[M]. New York:McGraw-Hill,1964.

[17] Mehran R,Oyama A,Shah M. Abnormal crowd behavior detection using social force model [C]//IEEE Conference on Computer Vision and Pattern Recognition,2009:935-942.

第6章 基于异常检测的视频认证与自恢复

6.1 引言

随着多媒体与网络技术的飞速发展，数字图像与视频充斥于网络及日常工作与学习生活中。在某些领域，如智能信息获取、刑事取证、安全监控和保险索赔等，数字视频的完整性及有效性十分关键。然而，利用一些易于使用的视频编辑软件，人们可以不留痕迹地任意编辑、修改或伪造数字视频的内容，这就使得数字视频的可信性不能够被保证。这些被编辑或修改后的视频对于法律证据来说是没有任何意义的。因此，数字视频认证已经成为研究的热点问题。脆弱水印技术是解决该问题的一个有效工具，并且已被广泛用于多媒体认证领域[1,2]。

在过去的几十年内，涌现出了很多具有较强篡改检测和定位能力的脆弱水印方法用于图像认证[3-7]。随着视频与监控技术的飞速发展，关于视频的安全性保护受到越来越多的关注，现在已有很多学者关注于视频认证研究。Mobasseri 等[8]通过嵌入具有强时间内容的水印实现检测剪切—拼接或者剪切—插入—拼接操作。文献[9]提出一种使用纠错码对可扩展视频进行认证的方案，该方法对一些偶发的图像失真并不敏感，而只对那些恶意的篡改如帧修改和帧插入等敏感。在 Su 等[10]提出的方法中，将表示视频段序列编号的水印嵌入帧的非零量化索引中。该方法能够在被篡改的视频中定位出被编辑的视频段，并且嵌入的水印位可以抵抗编码转换等常规的视频处理。Chen 等[11]提出了一种用于 MPEG-2 的视频内容认证算法。根据 I 帧的图像特征生成水印位并将其嵌入离散余弦变换系数的低频部分中。然而，以上视频认证方法仅能够实现空域或时域上的篡改定位。事实上，无论对视频进行空域篡改还是时域攻击，都会对视频的内容进行破坏，使其失去原有的信息和利用价值。因此，一个有效的视频认证方法应该不仅能够对空域篡改进行定位，同时能够检测时域上的攻击。基于此，文献[12]提出了一种能够同时检测空域和时域攻击的视频认证方法。通过对比提取的水印与原始的基于特征的水印来定位空间篡改。同时，在残差系数中嵌入各视频帧的帧编号以揭示时域的攻击。该方法可以对恶意攻击和通常的信号处理操作加以区分。在文献[13]中，各视频帧的时域信息被调制成混沌系统的参数并将系统的输出作为水印嵌入离散余弦变换系数中。通过考察原始水印与提取水印之间的差异，实现对篡改的检测。虽然以上两种方法能够实现时域和空域的篡改定位，但对于被篡改区域的真实内容并未进行恢复。在认证端,用户只能判断该视频是否受到了攻击,却无法得知受攻击视频的本来内容是什么,此时这个受到攻击的视频数据已经失去了使用价值。此时只能要求发送方重新发送视频,直到接收方判定所接收到的视频完好无损。可以想象,这种视频的重复发送不仅浪费网络资源,也大大浪费了宝贵的时间。因此在实际应用中,能够对被篡改的内容进行恢复的水印方案将具有十分重大的实际意义。自嵌入(self-embedding)水印就是一种能够对篡改区域进行自恢复的水印方法[14]。在自嵌入水印方法中,图像或视频的压缩版本被嵌入载体本身。在认证端,提取的压缩版本用于重构被篡改部分。近年来,涌现了一批用于图像和视频的自嵌入水印方法。在文献[15]和[16]中,表示区域主要内容的数据被隐藏在两个不同区域。但如果这两个区域都遭到篡改,那么恢复操作将失败,这种现象称为"篡改一致"问题[17]。为了降低篡改一致发生的概率,在文献[18]和[19]中采用了多个描述编码。然而,这是以牺牲恢复质量为代价来增加自恢复能力的。文献[17]和[20]提出一种参考共享机制来解决这个问题。在该机制中,将根据不同区域的主要内容信息生成的参考作为水印,并且由这些区域共享该水印,以实现篡改内容的恢复。在识别篡改区域后,使用完好的、未受攻击区域的参考数据和原始内容来恢复被篡改区域。该方法能够解决篡改一致问题,并具有较强的篡改定位与恢复能力。因此,本章也采用这种参考共享机制实现视频的认证与自恢复。

在水印技术中,将秘密信息嵌入后如何保持视频失真的不可见性是首先要解决的问题。由于水印的嵌入是通过修改载体信息来实现的,虽然这种由水印嵌入造成的图像失真是肉眼不可见的,但必将或多或少地造成图像信息的丢失。在一些敏感领域,如医学、军事、法律作证等领域,图像或视频微小的损失也是不能接受的。因此,近年来无损水印(lossless watermarking)得到越来越多的关注[21-31]。无损水印也称为可逆水印,是指在对含密图像或视频提取秘密信息后能够同时对原始载体进行无损恢复,使其与未嵌入前的原始载体完全一致。然而在视频中,信息量十分丰富且含有大量的冗余信息,人们往往无法关注视频中每一帧图像的所有细节信息,而可能只关注其中的感兴趣区域。例如,在人行道行走的人群中一辆驶过的汽车或快速经过的自行车、滑板等,人们更关注其中不寻常的事件,如汽车、自行车和滑板等,而不是那些正常行走的行人。因此,对于那些不感兴趣区域,没有必要对其无损恢复,而是应该把关注的重点放在感兴趣部分即异常事件区域,使视频中这些关键信息得到更好的保护。

受此激发,本章提出一种基于异常区域的视频认证与自恢复方法。该方法通过双重水印的嵌入,不仅能够准确识别与定位空域、时域及空时域的篡改,而且能够对空域篡改内容及感兴趣的异常区域进行恢复。由于算法的恢复能力反比于待嵌入的信息容量,因此为了提高恢复能力,采用分级的恢复方案,尽量减少待保护信息容量的同时保证异常区域的无损恢复。具体地,对于正常事件区域,只保护其主要内容而忽略其细节信息，以此来尽可能地增强算法的恢复概率；而对于视频中的异常区域，要做到无损恢复，换言之，不仅要保持其主要内容，也要保护好其细节信息，以使其在一些敏感应用领域仍具有使用价值。在此前提下，如何保证在接收端甚至在篡改后仍然能够准确定位异常区域在视频中的准确位置以进一步对其进行无损恢复，成了算法的关键。为此，本章提出一种合成帧的思想，利用合成帧而不是原始视频帧进行异常区域检测。水印的嵌入并不会改变视频的主要内容，因此在接收端使用由主要内容构成的合成帧能够保证提取的异常区域与嵌入端一致。即使含密视频遭到破坏，算法也会首先对被篡改区域的主要内容进行恢复，使得合成帧的构建得以实现，进而保证篡改后与嵌入前定位的异常区域一致，实现盲提取与盲恢复。

6.2 基于异常事件检测的视频认证

本章提出一种基于异常事件检测的视频认证与自恢复方法。通过双重水印的嵌入，实现空域、时域和空时域篡改的认证与自恢复。第一重水印为帧编号信息，主要用于时域认证，第二重水印为自嵌入水印，水印的信息为当前帧的主要信息和异常区域的细节信息，以在遭到空域篡改时实现自恢复。第一重水印采用无损嵌入方法嵌入异常区域中，第二重水印通过参考共享机制分布地嵌入整帧中。为了保证在水印嵌入前后获取的异常区域位置完全一致，本章提出使用近似于原始视频帧的合成帧来检测异常区域。在接收端，当含密视频被认证为完整时，对由于嵌入水印所造成信息损失的异常区域进行无损恢复；当判定含密视频被篡改时，该方法能够准确定位被篡改区域，并且能够恢复被篡改区域的主要信息及进一步无损恢复异常区域的细节信息。

6.2.1 双重水印嵌入

对于每一个视频帧，需嵌入两重水印以进行篡改检测与恢复。第一重水印为表示帧编号的二值序列，嵌入异常事件区域内。第二重水印包括待保护的图像信息及验证码，嵌入整帧中，其中待保护的图像信息为利用帧图像的主要内容和异常区域的细节信息生成的参考位。为了成功恢复异常区域细节信息，应该保证嵌入前与嵌入后甚至是嵌入前与篡改恢复后提取的异常区域一致。然而，水印的嵌入必然造成对宿主帧图像的信息损失，而这种信息损失也必将导致不同的异常事件检测结果。因此，本章提出一种合成帧思想来解决该问题。图 6.1 给出了双重水印嵌入过程的流程图。

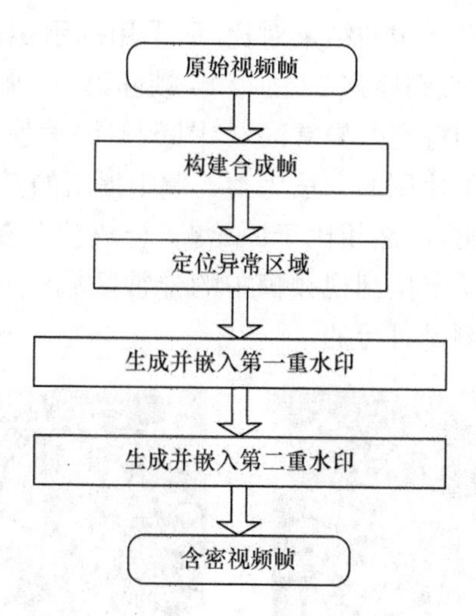

图 6.1　双重水印嵌入过程流程图

1. 合成帧构建与异常区域定位

在本章提出方法中，除了要保护帧图像的主要信息，异常区域的细节信息也是重要的待保护对象，因此首先定位异常区域。为了保证在水印嵌入前后获取的异常区域位置完全一致以对其无损恢复，提出使用近似于原始图像的合成帧来提取异常区域，以忽略水印的嵌入对异常区域定位的影响。具体过程如下。

对于一帧图像，首先进行降 2 采样，然后将其分解为 8 个位平面 $b_8, b_7, b_6, b_5, b_4, b_3, b_2, b_1$。称 b_8, b_7, b_6, b_5, b_4 为最高有效位(most significant bit, MSB)，称 b_3，b_2, b_1 为最低有效位(least significant bit, LSB)。因为水印的嵌入会改变图像的 LSB 平面，为了能够使发送方与接收方提取的异常区域位置完全一致，将帧图像的 b_3、b_2 和 b_1 三个位平面置为‘100’。这样既能忽略水印的嵌入对显著目标提取的影响，也能做到尽可能地保持原图像信息。图 6.2 给出了构建合成帧的一个示例。

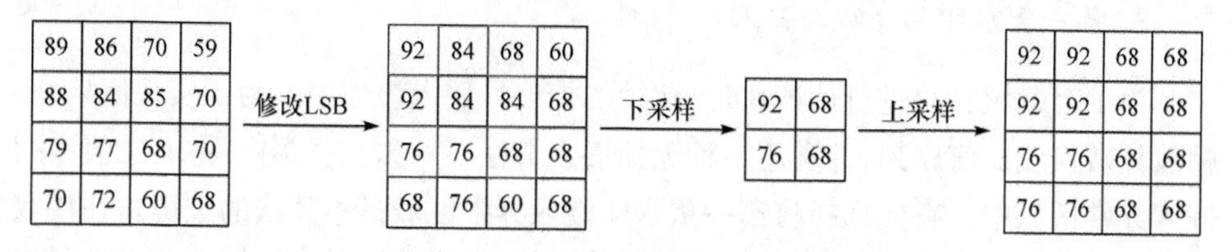

图 6.2　合成帧构建示例

实验表明，使用原始图像帧与使用合成帧提取的异常区域基本一致，说明合成帧在异常区域定位过程中可以近似代替原始帧图像。图 6.3 给出了使用原始视频帧和使用合成帧定位异常区域的结果对比，所采用的示例图像为局部异常检测数据集 UCSD Ped1 中测试视频序列 27 的第 24 帧和第 60 帧。图 6.3(a)为使用原始帧图像进行异常事件检测得到的异常区域，图 6.3(b)为使用合成帧进行异常事件检测得到的异常区域。所使用的方法为第 4 章中提出的基于显著度的异常事件检测方法。从图中可以看出，虽然相比于原始帧，合成帧存在可观察到的图像降质，但使用合成帧仍能够成功定位到视频帧中的异常区域，即在嵌入端与认证端使用合成帧进行异常事件检测是可行的。

(a) 使用原始图像进行异常区域定位的结果

(b) 使用合成帧进行异常区域定位的结果

图 6.3 使用原始视频帧和合成帧定位异常区域的结果对比

2. 第一重水印的生成与嵌入

为了对时域篡改进行认证，将当前帧的帧编号嵌入该帧中。为了实现嵌入，将帧编号转换成二值序列，并利用一种无损嵌入方法——差值扩展[28]将该二值序列嵌入异常区域中。在此选择将第一重水印嵌入异常区域是本算法的关键。在接收端一旦某帧受到空域攻击，即使进行了成功恢复，也只能对异常区域部分实现无损恢复，而其他区域只是恢复其主要信息。因此，如果将水印嵌入异常区域以外的区域，将导致第一重水印无法正确提取。而无论是否受到攻击，异常区域都能保证被无损恢复，这就为从中正确提取帧编号信息提供了保障。因为第一重水印的嵌入采用无损嵌入技术，所以在提取帧编号后仍能保证异常区域信息的完好无损，与嵌入前完全一致。

在嵌入过程中，异常区域内的像素被分成两类，一类为可改变像素，另一类为不可改变像素，如图 6.4 所示。其中，标记为“○”的像素为不可改变像素，而标记为“△”的像素为可改变像素。

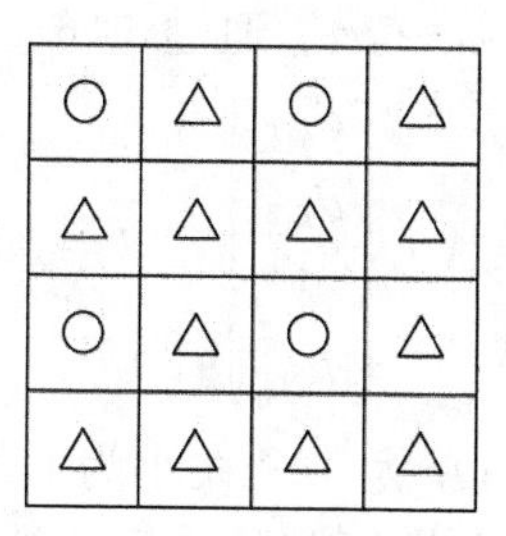

图 6.4　两类像素示意图

从左上至右下逐个扫描像素，直到所有水印位嵌入完毕。嵌入的规则如式(6.1)所示：

$$\tilde{g}_c = g_u + 2(g_c - g_u) + w \tag{6.1}$$

式中，g_c、g_u 和 $\tilde{g}_c$ 分别为可变像素、不可变像素和含密的可变像素；w 为待嵌入的水印位。如果发生上溢或下溢现象，当前的可变像素被置为 0 或 255，如式(6.2)所示：

$$\tilde{g}_c = \begin{cases} 0, & g_c < g_u \text{ 且 } g_u + 2(g_c - g_u) \leqslant 0 \\ 255, & g_c \geqslant g_u \text{ 且 } g_u + 2(g_c - g_u) + 1 \geqslant 255 \end{cases} \tag{6.2}$$

水印位将嵌入下一可变像素中。

这里可能会出现两种特殊情况，相应的解决方案如下：

(1) 如果异常区域的像素个数太少，以至于不足以嵌入所有第一重水印位，那么将对异常区域进行膨胀操作，直到所有水印位均可被成功嵌入。

(2) 如果某帧为正常事件帧，即该帧中无异常区域，此时用于嵌入第一重水印的像素个数为 0，这时将在图像中某一固定位置处选择适当个数的像素来携带第一重水印，即帧编号信息。

3. 第二重水印的生成与嵌入

本章提出方法的保护对象为每帧图像的主要信息和其中异常区域的细节信息。MSB 可表示图像的主要内容，因此将原图像的 MSB 作为待保护信息。对于异常区域，要做到对其无损恢复，其 LSB 也应作为待保护信息。受文献[20]的启发，嵌入载体的并不是数据本身，而是由其生成的参考位。将参考位连同哈希数据分布式地嵌入载体中，从而保证较高的篡改恢复能力。

帧图像的 MSB 和异常区域的 LSB 组成二进制串 B,作为被保护的对象。记帧图像的宽、高分别为 w、h,用 N_{ab} 表示异常区域的像素个数,B 的长度为 $L_{MSB}+L_{LSB}$,其中,L_{MSB} 和 L_{LSB} 分别为 MSB 和 LSB 的长度,$L_{MSB}=5\times w\times h\times N_c$,$L_{LSB}=3\times N_{ab}\times N_c$。其中 N_c 为颜色通道个数,若待处理视频为彩色,则 $N_c=3$,否则 $N_c=1$。将 B 数据集置乱并分成长度为 L_d 的 M 个子集。记第 k 个子集的元素为 $d_{k,1},\cdots,d_{k,L_d}$,其参考位 $r_{k,1},r_{k,2},\cdots,r_{k,L_r}$ 通过式(6.3)得出:

$$\begin{bmatrix} r_{k,1} \\ r_{k,2} \\ \vdots \\ r_{k,L_r} \end{bmatrix} = A\cdot\begin{bmatrix} d_{k,1} \\ d_{k,2} \\ \vdots \\ d_{k,L_d} \end{bmatrix},\quad k=1,2,\cdots,M \tag{6.3}$$

式中,L_r 为每组参考位的长度;A 为一个大小为 $L_r\times L_d$ 的伪随机二值矩阵。式(6.3)中的"·"计算为模 2 计算,即矩阵相乘后的结果进行模 2 运算,余同。由于对 B 数据集进行了置乱,L_r 个参考位是由分布在整帧图像中的 L_d 比特生成。在这一步中将生成 $N_{ref}(N_{ref}=5\times N_c/2\times w\times h)$ 位参考位,所以每组参考位的长度应确定为 $L_r=\lfloor N_{ref}/M\rfloor$。将参考位进行置乱并作为待嵌入水印的一部分。此处的置乱及伪随机二值矩阵 A 的生成是依赖秘钥的。

为了检测篡改,本章使用哈希函数来生成校验码,作为第二重水印的另一部分。在进行水印嵌入时,首先将图像分成不重叠的大小为 8×8 的图像块。相应地,将 N_{ref} 个参考位分成 $(w\times h)/(8\times 8)$ 组,那么每组的长度为 $N_{ref}/[w\times h/(8\times 8)]=160\times N_c$。这样就将每个图像块与一组参考位建立了一对一的映射关系。对于任一图像块,将其 MSB 和对应的参考位送入哈希函数中获得 $32\times N_c$ 位哈希位。这里利用了哈希函数的特殊性质,即输入端有微小的改变即会导致差别很大的输出。接下来将 $160\times N_c$ 位的参考位和 $32\times N_c$ 位的哈希位进行置乱并替换该块 N_c 个颜色通道的 LSB 平面以完成水印的嵌入,获得含水印视频。对于每组中的矩阵 A,它们可以相同也可以不同。生成矩阵 A 及置乱操作都是依赖密钥的,这也进一步增强了算法的安全性。

6.2.2 篡改定位与自恢复

在认证端,对于接收到的视频,首先将其分解为帧图像,然后进行真实性与完整性认证。在认证过程中,对遭到篡改的图像进行篡改定位后,利用可信信息对篡改区域的主要内容和异常事件区域的细节进行恢复。篡改定位与内容自恢复的流程如图 6.5 所示。

1. 篡改定位

在接收端,首先将视频分解成帧图像,并将图像分成互不重叠的大小为 8×8

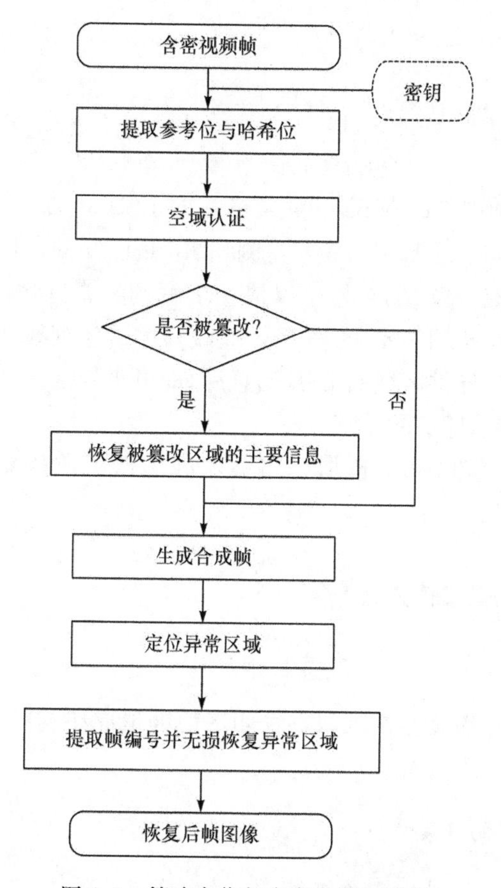

图 6.5　篡改定位与内容自恢复流程

的块,然后提取出每一块的 LSB。将每一块中提取的 LSB 的数据集按照嵌入时所使用的密钥置乱并且分成参考位和哈希位。将当前块的 MSB 和提取出的参考位送入哈希函数。如果生成的哈希位与提取的哈希位完全一致,那么就判定该块为未受攻击,否则判定该块为已被篡改。

2. 无篡改情况下对异常区域的无损恢复

如果判定当前帧图像未受攻击,那么按如下步骤无损恢复异常区域:

(1) 构建合成帧。在嵌入过程中并未改变帧图像的 MSB,而合成帧又恰是由该帧的 MSB 构成,因此可以保证在此步骤中生成的合成帧与嵌入端的完全一致。

(2) 接下来通过式(6.4),利用含密图像下采样的 MSB 和提取到的参考位求解出异常区域的信息:

$$\begin{bmatrix} r_{k,1} \\ r_{k,2} \\ \vdots \\ r_{k,L_r} \end{bmatrix} - A_M \cdot D_M = A_L \cdot D_L \tag{6.4}$$

式中，D_M 和 D_L 为帧图像的 MSB 和异常区域的 LSB，矩阵 A_M 和 A_L 的列对应于 D_M 中的 MSB 和 D_L 中的 LSB。等式左侧和 A_L 是已知的，目的是得到 D_L。如果该线性方程组具有唯一解，那么便可以成功求解到异常区域的 LSB。记向量 D_L 的长度为 n_L，当且仅当矩阵 A_L 的秩等于 n_L，即 A_L 的各列线性不相关，式(6.4)存在唯一解。在求解到异常区域的 LSB 信息后，即可将异常区域恢复至嵌入第一重水印后、嵌入第二重水印前的状态。

(3) 最后，从异常区域中提取帧编号。利用嵌入阶段定义的模式，可通过式(6.5)提取水印位：

$$w = \mathrm{mod}[\tilde{g}_c - g_u, 2] \tag{6.5}$$

通过式(6.6)对原始像素值进行恢复：

$$g_c = g_u + \left\lfloor \frac{\tilde{g}_c - g_u}{2} \right\rfloor \tag{6.6}$$

这时的异常区域已被恢复至嵌入双重水印之前即最原始的状态，达到了无损恢复的目的。

3. 篡改情况下的恢复

如果一个或多个块被判定为被篡改，那么篡改块的 MSB 和异常区域的 LSB 可通过式(6.7)进行恢复：

$$\begin{bmatrix} r_{k,e(1)} \\ r_{k,e(2)} \\ \vdots \\ r_{k,e(v)} \end{bmatrix} = A^E \cdot \begin{bmatrix} D_{(R,M)} \\ D_{(T,M)} \\ D_L \end{bmatrix} \tag{6.7}$$

式中，$r_{k,e(1)}, r_{k,e(2)}, \cdots, r_{k,e(v)}$ 为提取的参考位；矩阵 A^E 为矩阵 A 中对应于可提取参考位的那些列；$D_{(R,M)}$、$D_{(T,M)}$ 和 D_L 分别为未篡改的 MSB、篡改的 MSB 和异常区域的 LSB。将式(6.7)改写为

$$\begin{bmatrix} r_{k,e(1)} \\ r_{k,e(2)} \\ \vdots \\ r_{k,e(v)} \end{bmatrix} - A^E_{(R,M)} \cdot D_{(R,M)} = [A^E_{(T,M)} A^E_L] \cdot \begin{bmatrix} D_{(T,M)} \\ D_L \end{bmatrix} \tag{6.8}$$

式中，矩阵 $A^E_{(R,M)}$、$A^E_{(T,M)}$ 和 A^E_L 分别为矩阵 A 中对应于未篡改的 MSB、篡改的

MSB 和 LSB 的那些列。式(6.8)的左侧及 $A^E_{(T,M)}$、A^E_L 已知，目的是通过求解得到 $D_{(T,M)}$ 和 D_L。在求解方程成功之后，即可执行 6.2.2 节中的各步骤，即构建合成帧、利用求解到的 D_L 将异常区域恢复至嵌入第一重水印后的状态、提取帧编号以及恢复异常区域的原始信息。

6.3　视频认证实验结果与分析

实验中选择 UCSD Ped1 数据集中的测试序列 32 和 UCSD Ped2 数据集中的测试序列 5 对本章所提方法进行验证。方便起见，分别将这两个视频序列记为视频 1 和视频 2。视频 1 共包含 200 帧图像，每帧的分辨率为 158×238。视频 2 包含 150 帧图像，每帧的分辨率为 240×360。主要从三个方面对本章提出方法进行评估：不可见性、无篡改情况下对异常区域的恢复能力、篡改情况下的恢复能力。由于较长的测试序列 1 共包含 200 帧图像，因此将帧编号调制为 8bit 的二值序列。例如，对于第 1 帧，其待嵌入的第一重水印为“00000001”，第 100 帧待嵌入的第一重水印为“01100100”。图 6.6 给出了视频 1 和视频 2 中的各两帧示例图像。

(a) 测试视频1的第20帧　(b) 测试视频1的第40帧

(c) 测试视频2的第36帧　(d) 测试视频2的第56帧

图 6.6　原始视频帧

6.3.1　视觉质量评估

在此使用峰值信噪比(peak signal to noise ratio，PSNR)对含密图像的质量进行评估。PSNR 是一种评价图像质量的客观标准，其定义为

$$\mathrm{PSNR} = 10 \times \lg \frac{255 \times 255 \times w \times h}{\sum_{i=1}^{h} \sum_{j=1}^{w} [C(i,j) - S(i,j)]^2} \tag{6.9}$$

式中，$C(i,j)$和 $S(i,j)$分别表示原始载体图像与含密图像(i,j)位置处的像素值。图 6.7 给出了图 6.6 中对应于示例帧图像的含密图像。在所有含密图像中肉眼均观察不到任何明显的失真。图 6.8 显示了两个测试序列中各帧的 PSNR 值。可以看出，测试视频 1 和测试视频 2 的 PSNR 值范围分别为 37.85～37.98dB 和 37.83～37.94dB，均达到了不可见性要求。

(a) 测试视频1的第20帧　(b) 测试视频1的第40帧

(c) 测试视频2的第36帧　(d) 测试视频2的第56帧

图 6.7　含密视频帧

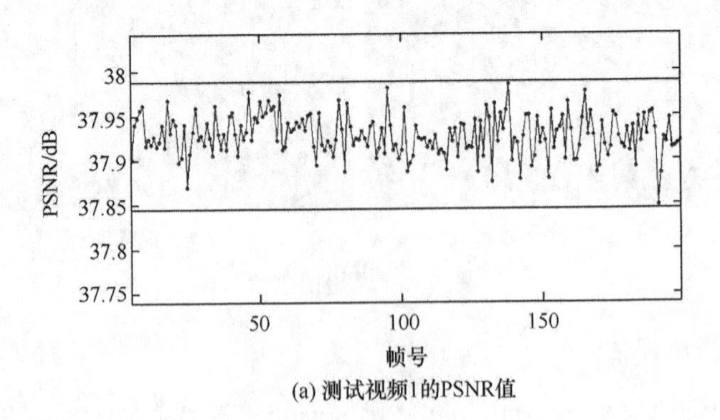

(a) 测试视频1的PSNR值

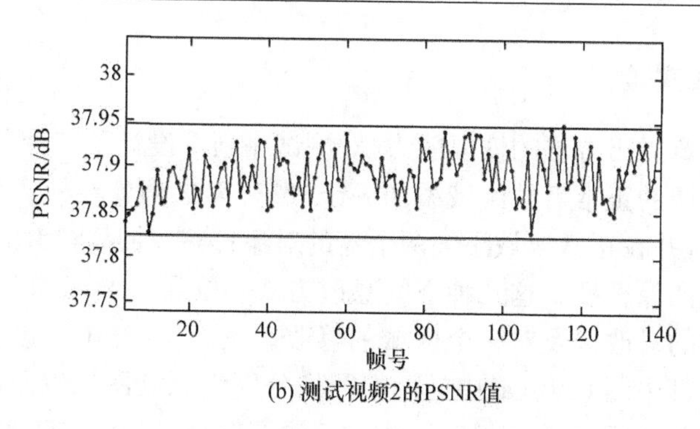

(b) 测试视频2的PSNR值

图 6.8　两个测试序列中各帧的 PSNR 值

6.3.2　无篡改情况下的恢复实验

在无篡改情况下，运动目标应被无损恢复。恢复后的帧图像与原始帧之间的差异如图 6.9 所示。其中图 6.9(a)和(d)为恢复后帧图像。虽然从肉眼上观察其与未嵌入水印前的图像并无差异，但实际上水印的嵌入已经造成了图像的信息损失。本章提出的方法将异常区域的细节信息进行了保护，因此能够对异常区域进行无损恢复。图 6.9(b)和(e)为利用合成帧进行异常区域定位的结果，其中标记的区域为检测到的异常区域。图 6.9(c)和(f)显示了恢复后图像与原始未嵌入水印前的载体图像之间的差值。为了方便观察，将差值放大了 30 倍。结合图 6.9(b)和(e)可以看出，对于异常区域部分，恢复后帧图像与原始载体图像之间的差值为 0。也就是说，在无篡改情况下，本章提出的方法能够对异常区域实现无损恢复。

(a) 测试视频1的第40帧的恢复结果

(b) 异常定位结果

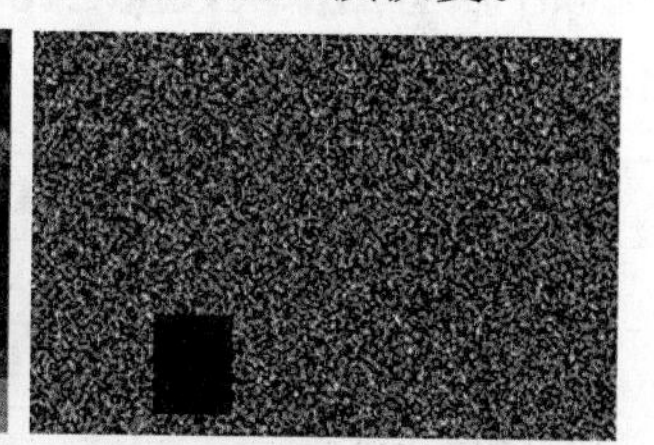

(c) 恢复后图像与原始帧图像的差图像

(d) 测试视频1的第56帧的恢复结果

(e) 异常定位结果

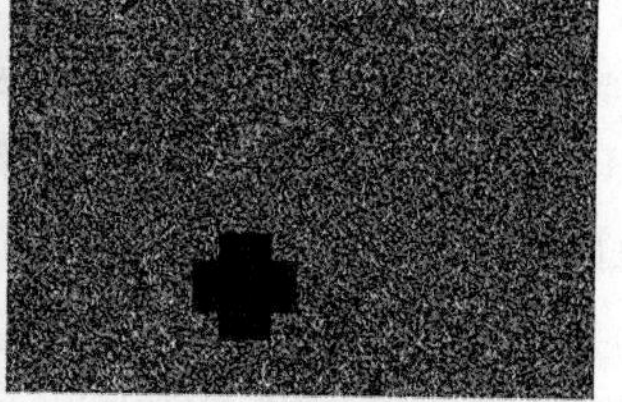

(f) 恢复后图像与原始帧图像的差图像

图 6.9　异常定位结果与异常区域恢复结果

6.3.3 空域篡改实验

为了证明本章提出方法的恢复能力，对测试序列 1 设计了三种空间篡改实验。第一种为在帧图像的正常事件区域添加一个汽车；第二种为在帧图像中将感兴趣的异常行为擦除，并在正常区域添加两个新的对象；第三种是将帧图像中的一部分连续区域用背景图像替换。这几种空间篡改方式包含了对异常事件区域的篡改、对正常事件区域的篡改以及对多个区域的篡改。图 6.10 给出了以上三种篡改方式的具体形式。其中图 6.10(a)中的两幅图像分别为原始图像以及用异常定位算法定位出的异常事件区域，图 6.10(b)中的三幅图像则分为对应于对图 6.10(a)中原始图像的三种篡改方式。对三种篡改方式的篡改定位结果如图 6.10(c)所示。可以看出，本章提出的方法能够准确定位出各种篡改方式的空间位置。图 6.10(d)给出了对篡改进行恢复的结果。可以看出，被篡改的区域都被成功地恢复出来，使被篡改的帧图像也能有利用价值。实际上，异常区域部分实现了无损复原，而正常事件区域部分只恢复了主要内容信息。对此虽然从肉眼上无法看出，但图 6.10(e)显示的恢复后图像与原始图像之间的差值图验证了这一结论。从差值图中不难看出，对应于异常区域部分的差值为 0，而图像的其他区域则存在一定的差异。因此，该实验验证了提出算法对图像中的感兴趣区域的无损恢复能力，以及对整帧图像的篡改恢复能力。表 6.1 给出了该组实验中的各项参数指标，包括篡改率 β、恢复后图像与原始图像的 PSNR 值 P_1、恢复后图像的异常区域与原始图像的异常区域之间的 PSNR 值 P_2。其中，篡改率 β 定义为被篡改的图像块数量与该帧中所有图像块数量之比。

表 6.1 空域篡改实验中的各项参数指标

参数	篡改率 β/%	P_1/dB	P_2/dB
篡改方式 1	6.8	37.91	∞
篡改方式 2	8.7	37.87	∞
篡改方式 3	20.0	37.59	∞

从表 6.1 中可以看出，三种篡改方式中最高的篡改率已经高达 20.0%，但本章所提方法仍能够成功地恢复篡改，并且恢复后图像与原始图像的 PSNR 值达到 37.59dB。此外，异常区域部分也实现了无损恢复，原始图像的异常区域与恢复后图像的异常区域之间的 PSNR 值为无穷大，即这两个区域是完全相同的。

综合以上实验结果可以得出，本章提出的方法能够实现精确的空间篡改定位，并且对一定程度下的空间篡改具有成功恢复的能力。更重要的是，对于视频图像中的感兴趣区域，本章提出的方法能够做到无损恢复，以使其即使遭到恶意攻击，仍然能在敏感应用领域具有使用价值。

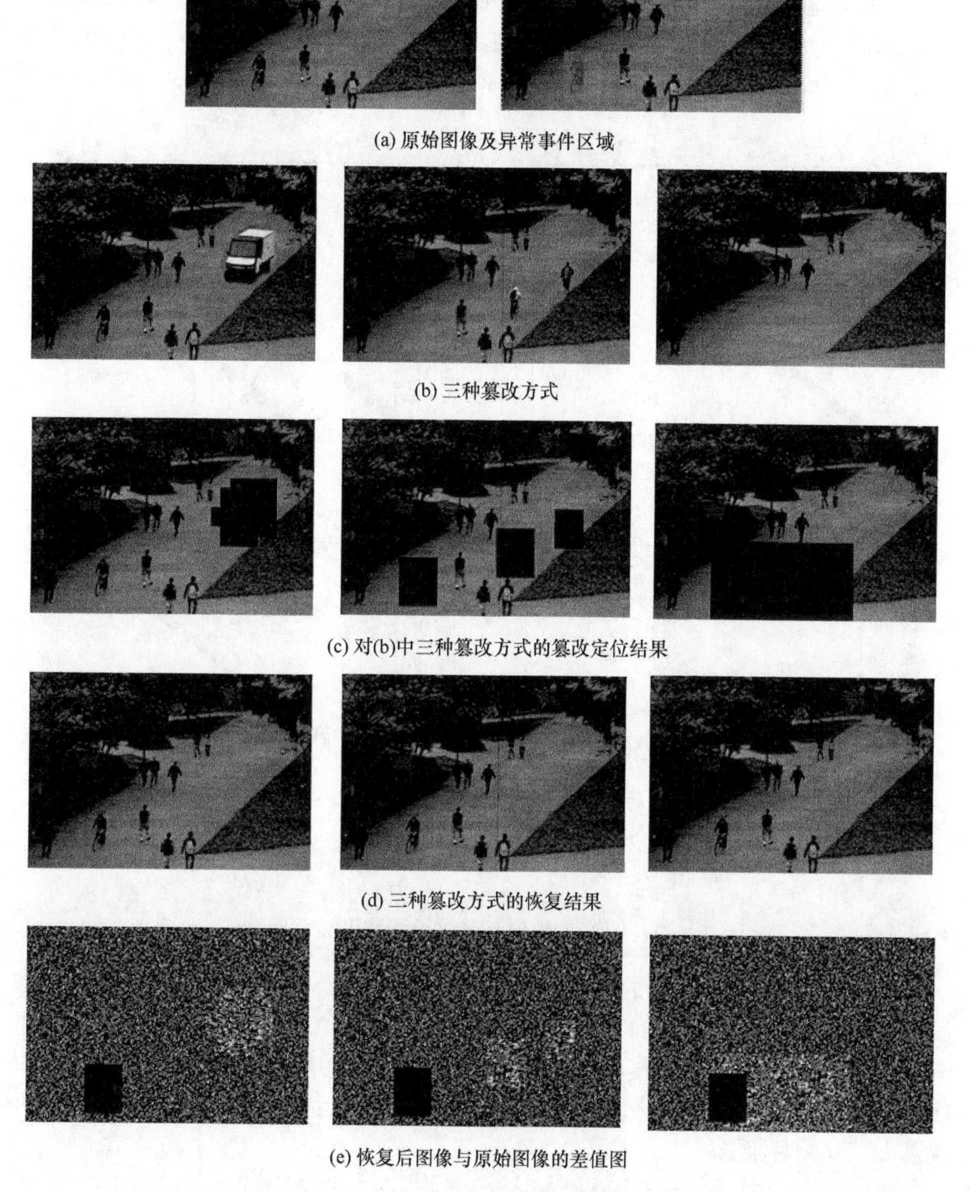

(a) 原始图像及异常事件区域

(b) 三种篡改方式

(c) 对(b)中三种篡改方式的篡改定位结果

(d) 三种篡改方式的恢复结果

(e) 恢复后图像与原始图像的差值图

图 6.10　空域篡改定位与自恢复结果

6.3.4 时域篡改实验

在本实验中,对测试视频 2 进行三种时域攻击,分别为帧替换、掉帧和帧交换攻击。在没有受到时域攻击时,提出的帧编号与实际观察到的帧编号之间的关系如图 6.11(a)所示。其中横坐标表示实际观察到的帧编号,纵坐标表示提取出的帧编号。

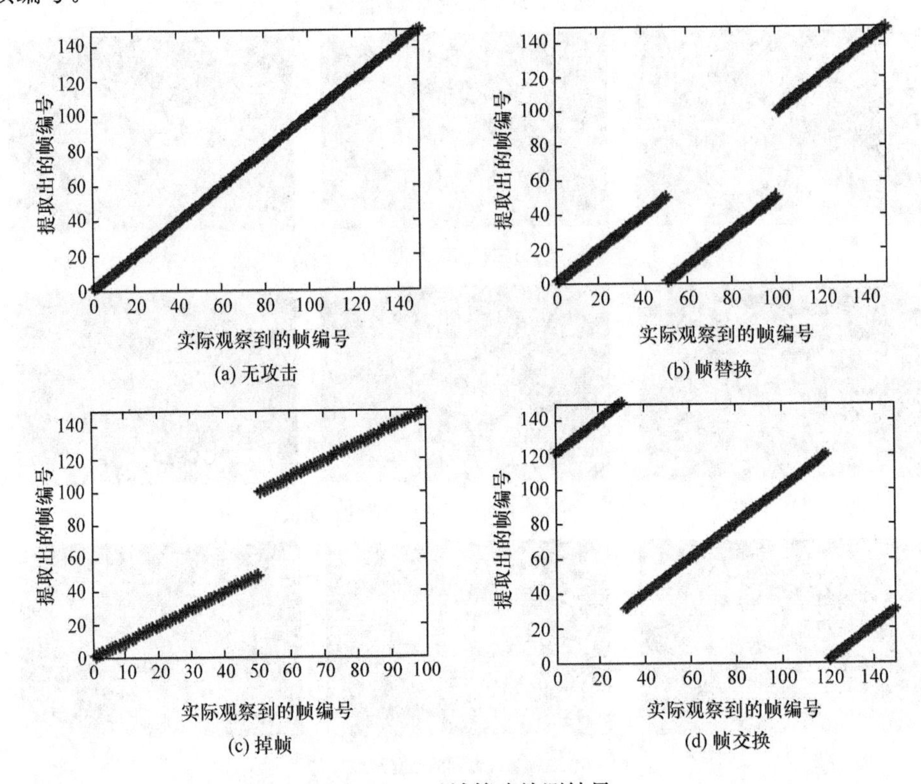

图 6.11 时域篡改检测结果

在帧替换实验中,原始的第 51～100 帧由第 1～50 帧顺序替换。认证的结果如图 6.11(b)所示。从中可以看出,第 1～50 帧和第 101～150 帧的实际观察到的编号与所提取的帧编号一致,而第 51～100 帧提取出的帧编号则为 1～50,这与观察到的帧编号不符。也就是说本方法能够检测出实际上本应为第 51～100 帧已经被第 1～50 帧替换。

在掉帧实验中,第 51～100 帧被刻意去除,而只保留第 1～50 帧和第 101～150 帧,并由这剩余的 100 帧构成新的视频。认证的结果如图 6.11(c)所示。从横坐标可以看出,在当前的视频中只有 100 帧,从第 51 帧开始,提取出的帧编号不再与观察到的帧编号一致。观察纵坐标可以发现,在第 50 帧和第 100 帧之间发生了跳跃,也就是在原始的视频中第 51～100 帧发生了掉帧攻击。

在帧交换实验中，测试视频的前 30 帧与后 30 帧顺序交换。图 6.11(d)显示了认证结果。从图中可以看出，本方法能够检测出，当前视频的第 1～30 帧实际上是原始视频的第 121～150 帧，当前的第 131～150 帧实际上是原始视频的第 1～30 帧。

综合图 6.11 可以看出，本方法能够正确定位时域上的各种攻击。对于帧交换攻击，本方法还能够通过提取出的帧编号对篡改帧进行恢复。

6.3.5　空时域篡改实验

在本节的实验中使用视频 2 进行测试。首先进行空域篡改，篡改方式为在图像中添加一个新的目标，如图 6.12 所示，空间篡改率为 7.33%。在空间篡改后，进行帧替换时域攻击，同时用第 1～50 帧顺序替换第 51～100 帧和第 101～150 帧。

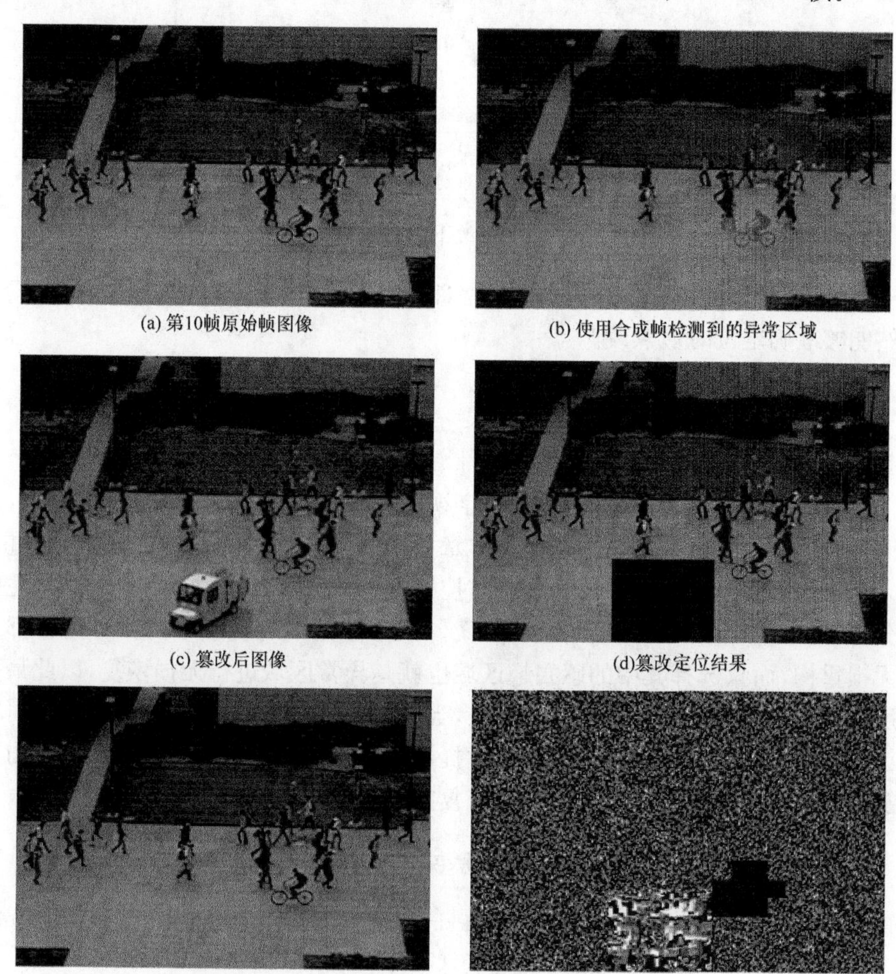

(a) 第10帧原始帧图像　(b) 使用合成帧检测到的异常区域

(c) 篡改后图像　(d)篡改定位结果

(e) 恢复后帧图像　(f) 原始图像与恢复后图像之间的差值图

图 6.12　空时域篡改定位与自恢复结果

在接收端，首先进行空间认证，并对遭到篡改的帧进行恢复。在图 6.12 中，(a)为第 10 帧的原始帧图像，(b)为用利用合成帧检测到的异常区域，(c)为篡改后图像，(d)为篡改定位结果，(e)为恢复后的帧图像，(f)为原始图像与恢复后图像之间的差值图。在时域认证时，第 51～100 帧观察到的帧编号与提取出的帧编号不同，因此可判定第 51～100 帧已遭到时域篡改。时域认证的结果如图 6.13 所示。

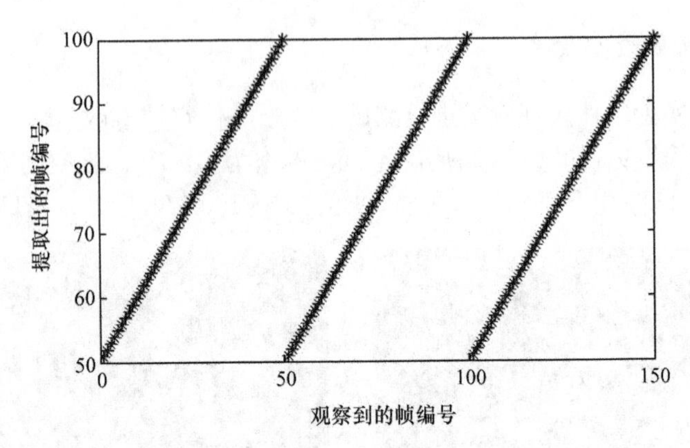

图 6.13　空间篡改下的时域检测结果

以上实验结果表明，本章提出的方法即使在各帧均遭受了空域篡改的情况下，仍然能够准确定位时域篡改。

6.4　本章小结

随着多媒体与信息技术的发展，数字视频遍布于网络及生活中的方方面面，随之而来的是视频数据的安全性问题。本章提出一种新颖的视频认证方案，通过自嵌入水印实现视频的认证与自恢复。监控视频中异常事件往往是人们重点关注的部分，因此本章提出一种分级的重构方案。该方法并不对视频中的所有内容都进行无损重构，而只选择其中的感兴趣区域也就是异常区域进行无损恢复，以此最大限度地增加算法成功恢复的概率。此外，当视频遭到空域篡改时，该方法能够对篡改区域进行恢复。实验结果证明了本章提出的方法对异常区域的无损恢复能力以及篡改情况下对篡改区域的定位与自恢复能力。

参考文献

[1] Kundur D, Hatzinakos D. Digital watermarking for telltale tamper proofing and authentication[C]//Proceedings of the IEEE, 1999, 87(7): 1167-1180.

[2] 常玉红，黄惠芬，王志红，等. 检测图像篡改的脆弱水印技术[J]. 网络与信息安全学报，2017，3(7)：47-52.

[3] 石亚南,李江隐,康宝生. 基于分层嵌入认证与恢复的自嵌入水印算法[J]. 计算机工程,2016,42(9):121-125.

[4] 李淑芝,李躲,邓小鸿,等. 自适应分类的篡改定位和恢复水印算法[J]. 小型微型计算机系统,2017,38(11):2437-2442.

[5] Chen W C, Wang M S. A fuzzy c-means clustering-based fragile watermarking scheme for image authentication[J]. Expert Systems with Applications,2009,36(2):1300-1307.

[6] Liu S H, Yao H X, Gao W, et al. An image fragile watermark scheme based on chaotic image pattern and pixel-pairs[J]. Applied Mathematics and Computation,2007,185(2):869-882.

[7] He H J, Zhang J S, Chen F. Adjacent-block based statistical detection method for self-embedding watermarking techniques[J]. Signal Processing,2009,89(8):1557-1566.

[8] Mobasseri B G, Sieffert M J, Simard R J. Content authentication and tamper detection in digital video[C]//International Conference on Image Processing,2000,1:458-461.

[9] Sun Q B, He D J, Zhang Z S, et al. A secure and robust approach to scalable video authentication[C]//International Conference on Multimedia and Expo,2003,2(II):209-212.

[10] Su P C, Wu C S, Chen F, et al. A practical design of digital video watermarking in H. 264/AVC for content authentication[J]. Signal Processing: Image Communication,2011,26(8):413-426.

[11] Chen X L, Zhao H M. A novel video content authentication algorithm combined semi-fragile watermarking with compressive sensing[C]//Second International Conference on Intelligent Systems Design and Engineering Application,2012:134-137.

[12] Xu D W, Wang R D, Wang J C. A novel watermarking scheme for H. 264/AVC video authentication[J]. Signal Processing: Image Communication,2011,26(6):267-279.

[13] Chen S Y, Leung H. Chaotic watermarking for video authentication in surveillance applications[J]. IEEE Transactions on Circuits and Systems for Video Technology,2008,18(5):704-709.

[14] Fridrich J, Goljan M. Images with self-correcting capabilities[C]//International Conference on Image Processing,1999,3:792-796.

[15] Lin C Y, Chang S F. SARI: Self-authentication-and-recovery image watermarking system[C]//Proceedings of the Ninth ACM International Conference on Multimedia, 2001:628-629.

[16] Zhu X Z, Ho A T S, Marziliano P. A new semi-fragile image watermarking with robust tampering restoration using irregular sampling[J]. Signal Processing: Image Communication,2007,22(5):515-528.

[17] Zhang X P, Wang S Z. Fragile watermarking with error-free restoration capability[J]. IEEE Transactions on Multimedia,2008,10(8):1490-1499.

[18] Celik M U, Sharma G, Tekalp A M, et al. Video authentication with self-recovery[C]//International Society for Optics and Photonics, Electronic Imaging,2002:531-541.

[19] Hassan A M, Al-Hamadi A, Hasan Y M Y, et al. Secure block-based video authentication

with localization and self-recovery[C]//Proceedings of World Academy of Science, Engineering and Technology,2009:69-74.

[20] Zhang X P,Wang S Z,Qian Z X,et al. Reference sharing mechanism for watermark self-embedding[J]. IEEE Transactions on Image Processing,2011,20(2):485-495.

[21] 武丽,海洁,张海瑞,等. 结合层次结构和直方图平移的无损数据隐藏[J]. 计算机工程与应用,2016,52(24):126-130.

[22] Kamstra L,Heijmans H J A M. Reversible data embedding into images using wavelet techniques and sorting[J]. IEEE Transactions on Image Processing,2005,14(12):2082-2090.

[23] Li C T. Reversible watermarking scheme with image-independent embedding capacity[J]. IEE Proceedings-Vision,Image and Signal Processing,2005,152(6):779-786.

[24] 项世军,罗欣荣,石书协. 一种同态加密域图像可逆水印算法[J]. 计算机学报,2016,39(3):571-581.

[25] 张正伟,吴礼发,严云洋. 基于多尺度分解与预测误差扩展的可逆图像水印算法[J]. 计算机科学,2017,44(12):100-104.

[26] 项世军,杨乐. 基于同态加密系统的图像鲁棒可逆水印算法[J]. 软件学报,2018,29(4):957-972.

[27] Celik M U,Sharma G,Tekalp A M. Lossless watermarking for image authentication:A new framework and an implementation[J]. IEEE Transactions on Image Processing,2006,15(4):1042-1049.

[28] Tian J. Reversible data embedding using a difference expansion[J]. IEEE Transactions on Circuits and Systems for Video Technology,2003,13(8):890-896.

[29] Alattar A M. Reversible watermark using the difference expansion of a generalized integer transform[J]. IEEE Transactions on Image Processing,2004,13(8):1147-1156.

[30] Chang C C,Lu T C. A difference expansion oriented data hiding scheme for restoring the original host images[J]. Journal of Systems and Software,2006,79(12):1754-1766.

[31] Ni Z C,Shi Y Q,Ansari N,et al. Reversible data hiding[J]. IEEE Transactions on Circuits and Systems for Video Technology,2006,16(3):354-362.

第7章　总结与展望

7.1　本书工作总结

随着计算机与互联网技术的快速发展，视频监控在交通、城管、卫生等方面都具有广阔的应用前景，而视频监控系统从数字化向智能化的转变已经是发展的必然趋势。智能监控系统的最终目标是检测场景中的异常事件，继而自动发出警报，这样既可在第一时间使人们感知危险或犯罪，也可使公安部门获取破获案件的最有利条件。因此，不难看出，如何快速、有效地识别出监控视频流中的异常事件是智能监控系统中的关键问题。

视频是一种承载了声音和图像信息的多媒体数据类型，它所包含的信息量远大于静态图像和文本。相比于其他多媒体数据类型，视频数据一般包含较高的信息容量、较强的空时连续性，并具有解释的多样性与模糊性特点。视频数据的这些特性也导致了对视频数据进行处理时存在一些难点，如高处理复杂度、有效的视频事件表示问题等。本书首先简要介绍了基于视频的异常事件检测研究背景及意义，并详细介绍了视频异常事件检测的相关方法，然后针对智能视频监控中的异常事件检测问题展开了深入的研究。通过深入挖掘视频中的运动属性，寻找更有效的视频事件表示方法，提高异常事件检测算法的性能。为了对视频的安全性进行保护，对基于异常事件检测的视频认证方法也开展了一些研究。本书的主要贡献体现在如下几个方面。

(1) 从异常事件的本质出发，提出了一种基于高阶运动特征的视频异常事件检测方法。由于视频中的异常多表现在运动上，如较正常运动更快的运动速率、突然加快的运动速率或突然改变的运动方向，都是异常的体现。因此除了使用传统的描述运动快慢以及运动方向的一阶运动特征外，提出一种刻画运动变化的高阶运动特征对运动进行描述。为了避免跟踪算法带来的局限性，该方法借助相邻两帧的光流场实现运动目标的短时跟踪，进而获得一阶和高阶运动特征。本书提出方法能够处理复杂场景，不受目标粘连及拥挤人群的影响，大量的实验结果证明了其在局部和全局异常事件检测上的优秀性能。

(2) 提出了 ERC-SLPP 检测方法。通过基于扩展区域对比度和基于机器学习的两个显著度图的融合，达到了相互补充的作用。其中在构建基于扩展区域对比度的显著度图时，根据图像的边界先验，通过在原有 RC 方法的基础上增加边界扩展预处理，达到突出显著目标、抑制背景的目的。在基于机器学习的显著度图构建中，通过机器学习的方法，隐式地考虑了特征之间的相互关系，并通过训练数据学习到人们感兴趣的模式。大量的实验结果证明了 ERC-SLPP 方法在图像显著性检测中的优秀性能。

(3) 提出了 IMMR 的多视角图像显著性检测方法。该方法将图像显著性检测问题转化为半监督学习问题，并通过 IMMR 方法为测试样本分配得分。在该方法中，根据边界先验，将边界处的图像单元当做种子节点，利用多视角特征构建相似度矩阵，为图像中的其他图像区域进行排序打分，并依此确定其显著度值。从粗尺度颜色、细尺度颜色和方向三个角度刻画图像单元，并且将特征融合在显著度推导过程中实现，即各特征的权重是在优化求解过程中根据图像内容自适应确定的。在多个数据库上的大量实验表明，该方法在图像显著性检测领域取得了比较好的效果。

(4) 提出了一种基于空时显著性的异常事件检测方法。视频数据具有较强的空间和时间连续性，因此带来了大量的冗余信息。这些冗余信息在增加了处理负担的同时也会给检测性能带来影响。本书在空间显著度图的基础上引入时域显著度图，并将二者融合构成最终的视频显著度图。通过显著区域的检测，去除了视频中的无关信息，大大降低了异常事件检测过程中待处理的视频内容。冗余内容的去除使得利用少数模型来构建整个场景的正常事件模型成为可能。通过根据视频内容的区域划分技术，用区域级模型代替原来的块级模型，不仅大大降低了模型构建所需时间，而且解决了块级模型样本不充分问题，提高了检测性能。大量的实验结果证明了本书提出的基于空时显著性的异常事件检测方法的优秀性能。

(5) 提出了 CSR 算法。针对已有的基于稀疏表示视频异常事件检测方法进行分析与总结，在此基础上提出了 CSR 算法，该方法主要将近邻图约束整合到稀疏编码的目标方程中，训练出正常视频图像的稀疏编码，再用这些编码进行视频异常事件检测。所提出算法的主要优势在于将稀疏表示和局部性约束整合成一个统一的框架，使得该算法在充分利用稀疏编码思想的同时考虑了相邻视频帧之间的关联性。实验结果显示基于约束稀疏表示的视频异常事件检测算法相对于其他稀疏表示方法，识别率更高、识别效果更稳定。

(6) 提出了一种基于异常区域的视频认证与自恢复方法。通过双重水印的嵌入，不仅实现了对视频数据的空域、时域和空时域的篡改定位，还实现了对图像中感兴趣区域即异常区域的重点保护。在无篡改情况下，该方法可作为一种半无损水印方案，对含水印视频中的异常区域进行无损恢复，以使其在敏感应用领域仍具有应用价值。当视频遭到篡改时，算法成功恢复篡改区域的概率与待保护的信息含量呈反比例关系，因此该方法通过分层的恢复方案，减少待保护信息内容的同时而不丢失重要区域的任何信息，从而在提高算法的篡改恢复能力的情况下也使该视频在敏感领域仍具有使用价值。实验结果表明，本书提出的方法能够定位空域和时域篡改，对一定范围内的空域篡改具有重建能力，且能够对异常区域实现无损恢复。

7.2　未来研究展望

由于视频监控场景容易受到光照和天气等诸多因素的影响，视频异常事件检测在实际应用中仍然存在许多问题。虽然本书提出了三种异常事件检测方案，但对于复杂的应用场景仍然会存在一些问题，接下来将从以下几个方面对基于视频的异常事件检测展开进一步研究。

（1）一般的异常事件检测算法均将问题转化为一分类问题，通过构建正常事件模型来检测区别于正常事件的异常事件。然而在实际应用中，正常的事件类型极其繁多且正常事件之间也千差万别，具有较强的类内多样性。因此仅用一种正常事件模型往往不能够刻画丰富的正常事件。在接下来的研究中，将考虑利用多个模型共同刻画正常事件，以克服较大的类内差异问题，提升异常事件检测算法的性能。

（2）视频中的异常事件多由异常的运动造成，但不排除由于外观造成的异常事件，如人行道上慢速行驶的汽车。如果只从运动速度角度考量，其运动模式与行人的运动模式并无差异，这时外观特征就应是检测异常的关键。虽然目前已经有学者开始关注针对外观特征的异常事件检测，但考虑到正常运动目标之间也同样存在较大的差异，因此如何提取一种具有判别力的外观特征将是未来的研究工作之一。

（3）本书提出了一种基于高阶运动特征的异常事件检测算法。然而由于时间和精力有限，这里只使用了高阶运动特征。在未来的工作中，将继续探索高阶颜色和高阶纹理等特征的使用，挖掘高阶运动特征的本质，进一步提升异常事件检测算法的性能。